普通高等教育“十三五”应用型人才培养规划教材

C 语言程序设计

（第 2 版）

主　编　程书红　李咏霞
副主编　王　敏　何　娇

西南交通大学出版社
·成　都·

图书在版编目（CIP）数据

C语言程序设计 / 程书红，李咏霞主编. —2版. —成都：西南交通大学出版社，2018.8
普通高等教育“十三五”应用型人才培养规划教材
ISBN 978-7-5643-6385-7

Ⅰ. ①C… Ⅱ. ①程… ②李… Ⅲ. ①C语言－程序设计－高等学校－教材 Ⅳ. ①TP312.8

中国版本图书馆CIP数据核字（2018）第203083号

普通高等教育“十三五”应用型人才培养规划教材

C语言程序设计

（第2版）

主编　程书红　李咏霞

责任编辑	姜锡伟
助理编辑	王小龙
封面设计	墨创文化
出版发行	西南交通大学出版社 （四川省成都市二环路北一段111号 西南交通大学创新大厦21楼）
发行部电话	028-87600564　028-87600533
邮政编码	610031
网址	http://www.xnjdcbs.com
印刷	四川森林印务有限责任公司
成品尺寸	185 mm × 260 mm
印张	14.5
字数	350千字
版次	2018年8月第2版
印次	2018年8月第2次
书号	ISBN 978-7-5643-6385-7
定价	35.00元

第 2 版前言

C 语言是学习程序开发的入门语言，也是应用最普遍的语言之一，同时也是当前在嵌入式开发方面应用较多的一种程序设计语言，熟练掌握 C 语言是从事软件开发工作最基本的要求之一。目前，国内各高校普遍都开设了 C 语言课程，全国计算机等级考试也包括 C 语言程序设计的考试，全国电子信息应用教育中心目前也有针对 C 语言程序设计的工程师技术水平证书考试。

我们从高职高专教育的特点出发，针对目前高职高专计算机类教材的问题和不足，结合作者多年在计算机语言程序设计课程的教学经验，充分考虑学生的学习特点，对 C 语言教材的教学内容作了精心的编排。在每一章最后我们都设计了相应的配套实训项目，让读者在学习基础知识后通过项目实践将所学知识融会贯通。

本书在第 1 版的基础上进行了内容的整合，为了适应学生的学习习惯，将输入输出函数部分的内容调整到了第 1 章，把 C 语言的 3 种程序设计的结构整合为一个章节，同时在图书中增加了有关计算机的数据表示形式的内容。

本书共 9 章，主要包括 C 语言概述、数据类型、运算符与表达式、顺序结构程序设计、选择结构程序设计、循环结构程序设计、数组、函数、预处理、指针、结构体、文件等内容，这些都是 C 语言程序设计最基本的内容，也是全国计算机二级（C 语言）考试大纲的基本内容。

本书由重庆城市管理职业学院的程书红和李咏霞两位老师担任主编，由重庆城市管理职业学院的王敏、何娇两位老师担任副主编。在具体分工上，何娇负责编写第 1 章和第 2 章；李咏霞负责编写第 3 章；王敏负责编写第 4 章和第 5 章；程书红负责编写第 7 章、第 8 章和第 9 章；重庆市邮政公司高级工程师刘治洪负责编写第 6 章。

本书适合于高等职业学校、高等专科学校、成人高校及本科院校举办的二级职业技术学院、继续教育学院和民办高校教学使用，也可作为计算机培训和等级考试辅导的配套教学用书，还可供程序开发人员和自学者参考。

本书在编写过程中得到了重庆城市管理职业学院信息工程学院领导和老师的大力支持与帮助，在此，我们表示衷心的感谢。

尽管我们做了大量的工作，但本书肯定会有很多不足之处，敬请广大读者批评指正。欢迎发电子邮件与我们联系，邮件地址：csh_97@163.com，谢谢！

编　者

2018 年 5 月

第 1 版前言

C 语言是目前应用得最普遍的语言之一，是学习程序开发最基本的入门语言，也是从事软件开发工作最基本的技能要求。目前，各类高校都普遍开设了 C 语言课程，全国计算机等级考试包括了 C 语言类的考试，信息产业部全国电子信息应用教育中心目前也有针对 C 语言程序设计的工程师技术水平证书考试。

本书从高职高专教育的特点出发，针对目前高职高专计算机类教材的问题和不足，并结合编者多年的计算机语言程序设计课的教学经验，充分考虑学生的学习特点，对 C 语言教材的教学内容作了精心编写。

全书共分 11 章，主要内容包括 C 语言概述、数据类型、运算符与表达式、顺序结构程序设计、选择结构程序设计、循环结构程序设计、数组、函数、预处理、指针、结构体与共用体、文件等，这些都是 C 语言最基本的内容，也是全国计算机二级（C 语言）考试大纲的基本考试内容。本书在每一章后面都有相应的配套项目，能使学生在学习了基础知识后通过项目实践将所学知识融会贯通。

本书由重庆城市管理职业学院的李咏霞、程书红担任主编，由重庆城市管理职业学院的王敏、何娇担任副主编。具体编写分工为：李咏霞负责第 3 章和第 4 章编写，程书红负责第 9 章、第 10 章和第 11 章编写，王敏负责第 6 章、第 7 章和第 8 章编写，何娇负责第 1 章和第 2 章编写，重庆红透科技有限公司工程师车世强负责第 5 章编写，附录由李咏霞和何娇共同完成。

本书适用于高等职业学校、高等专科学校、成人高校及本科院校举办的二级职业技术学院、继续教育学院和民办高校相关专业，也可作为计算机培训和等级考试辅导的配套教学用书，还可供程序开发人员和自学者参考。为方便老师教学，本书配有电子教案及源代码，有需要的老师请到西南交通大学出版社网站下载或 E-mail：420930692@qq.com。

本书在编写过程中，得到了重庆城市管理职业学院中央财政支持发展项目软件技术项目的大力支持与帮助，在此，我们表示衷心感谢。

尽管我们做了大量工作，但本书肯定会有很多不足之处，敬请广大师生批评指正。欢迎发电子邮件与我们联系，E-mail：liyxniuniu@qq.com，谢谢！

编　者

2013 年 5 月

多媒体知识点目录

多媒体资源使用帮助：

1. 请按照本书封底的操作提示，使用微信扫描封底二维码，关注“交大e出版”微信公众号并成为本书数字会员。

2. 多媒体资源目录中的所有资源在书中相应位置都设有二维码，请使用手机微信扫描该二维码，直接点击即可免费阅读/获取相应资源。

目　录

第 1 章　C 语言概述

学习要求：掌握 C 语言的发展、基本结构、程序的组成及常用的输入/输出函数。

主要内容：本章介绍了计算机语言和 C 语言的发展，C 语言的基本结构，常用输入/输出函数。

本章源代码

1.1　计算机语言的发展

计算机语言的发展是一个不断演变的过程，其根本的推动力在于计算机程序的易用性与共享性不断提高，计算机程序的设计逐步趋于合理化。随着第一台计算机 ENIAC 的诞生，计算语言也随之快速发展。计算机语言的种类非常多，总结出来分为机器语言、汇编语言、高级语言三大类。

1.1.1　计算机语言的发展

第一代计算机语言，即机器语言。计算机语言是人和计算机交流的工具，是人用来控制计算机的手段。1946 年，计算机语言随着计算机的诞生而诞生。在早期的计算机语言中，通过电路中反映的两种物理状态（脉冲有无、电位高低或磁性正负）正好可以表示“0”和“1”（如用低电平表示“0”和用高电平表示“1”），这就形成了第一代计算机所使用的语言，即机器语言。机器语言由 0 和 1 两个字符组成，称为二进制数。

要使计算机执行某项任务，人们就得写一串由 0 和 1 组成的指令序列交给计算机执行。指令是计算机语言的最小组成单元，机器语言就是机器指令的集合。这种只有 0 和 1 组成的语言对绝大多数人来说都像天书一般难以理解。

第二代计算机语言，即汇编语言。对人而言，机器语言的可读性实在太低，人们便在机器语言的基础上作了一定的改进，采用一些简洁的字母、符号串来替代一个特定的指令的二进制串，比如 LOCK 代表总线封锁指令、ADD 代表加法指令等。以这种符号形式呈现的语言称为汇编语言。由于计算机只能识别 0 和 1 两个字符，因此，汇编语言需要被汇编程序进行汇编之后，才能交由计算机执行。虽然汇编语言用起来容易出错，可移植性也差，但为计算机语言向更高级语言发展奠定了基础。

第三代计算机语言，即高级语言。对人而言，不管是机器语言还是汇编语言，可读性都差，一般的人也难以理解，不利于计算机语言的推广普及。与此同时，人们对程序的可移植性需求也在不断增强，因此高级语言应运而生。高级语言基本是按人们的语言习惯和逻辑思维，且计算机也能接受的语意进行设计。高级语言采用英文单词、数字和一些特殊符号等编写，可读性、通用性、可移植性强。

高级语言的发展从最初的结构化语言，发展成为面向过程设计语言和面向对象设计语言。面向过程设计语言的代表有 C，Fortran，Cobol，Pascal 等；面向对象设计语言的代表则为 VB，Java，C++，C#等。

当然，计算机不能直接识别用高级语言编写的源程序，需要通过编译器将其翻译成机器语言产生目标程序，才能被计算机执行。任何一种高级语言设计程序都有一个与之对应的编译器来完成对源程序的翻译。

编译器通常有两种方式：一种叫“编译程序”，一种叫“解释程序”。编译程序：是指事先编好一个称为编译程序的机器语言程序，作为系统软件存放在计算机内，当用户用高级语言编写的源程序输入计算机后，编译程序便把源程序整个地翻译成用机器语言表示的与之等价的目标程序，然后再交由计算机执行该目标程序。解释程序是当源程序进入计算机时，解释程序采用边扫描边解释，逐句输入逐句翻译的方式，计算机一句句执行，但是并不产生目标程序。

注意：编译程序能产生目标程序（即机器语言），能被计算机执行。解释程序不产生目标程序，不能被计算机执行。

1.1.2 计算机中的数据表示形式

数据是指能够输入计算机并被计算机处理的数值、字母、符号的集合。数据表示是指计算机能够辨认并进行存储、传送和处理数据的表示方法。在计算机语言中，常用的数据表示形式有二进制、八进制、十进制、十六进制。但计算机内部的指令只能用二进制表示。要想将其他进制数据转换成二进制数据，就需要用到编码转换。编码转换分为数值编码转换和非数值编码转换。

1.1.2.1 数值编码表示

1. 十进制

十进制有 0～9 共 10 个数码，其计数特点以及进位原则是“逢十进一”。十进制的基数是 10，位权为 10^K（K 为整数，以小数点为起点，小数点左边的整数部分第一位 K 为 0，第二位为 1，以此类推；小数点右边的小数部分第一位为 −1，第二位为 −2，以此类推）。一个十进制数可以写成以 10 为基数按位权展开的形式。

例：把十进制数 123.45 按位权展开。

解：$(123.45)_{10} = 1 \times 10^2 + 2 \times 10^1 + 3 \times 10^0 + 4 \times 10^{-1} + 5 \times 10^{-2}$

2. 二进制

二进制只有 0 和 1 两个数码，它的计数特点及进位原则是“逢二进一”。二进制的基数为 2，位权为 2^K（K 为整数）。一个二进制数可以写成以 2 为基数按位权展开的形式。

例：把二进制数 1011.101 按位权展开。

解：$(1011.101)_2 = 1\times2^3+0\times2^2+1\times2^1+1\times2^0+1\times2^{-1}+0\times2^{-2}+1\times2^{-3}$

3. 八进制

八进制中有 0 ~ 7 共 8 个数码，其计数特点及进位原则是“逢八进一”。八进制的基数为 8，位权为 8^K（K 为整数）。

例：把八进制数 1234.67 按位权展开。

解：$(1234.67)_8 = 1\times8^3+2\times8^2+3\times8^1+4\times8^0+6\times8^{-1}+7\times8^{-2}$

4. 十六进制

十六进制有 0 ~ 9 及 A、B、C、D、E、F 共 16 个数码，其中 A ~ F 分别对应十进制数的 10 ~ 15。十六进制计数特点及进位原则是“逢十六进一”。十六进制的基数为 16，位权为 16^K（K 为整数）。

例：把十六进制数 A1234 按位权展开。

解：$(A1234)_{16} = A\times16^4+1\times16^3+2\times16^2+3\times16^1+4\times16^0$

1.1.2.2　数值编码的转换

1. 十进制数转换为 *R* 进制数

十进制数转换为 R 进制数需要将整数部分和小数部分单独转换。

整数部分的转换方法：以短除法的形式，采用除 R 取余的逆序，获得 R 进制数。下面以十进数年制转换为二进制数为例。如图 1.1 所示，将$(236)_{10}$ 转换为二进制，得到的二进制结果为$(11101100)_2$。同样的道理，如果想将十进制数转换为八进制数，只需要把除以 2 改为除以 8 即可，其他进制以此类推。

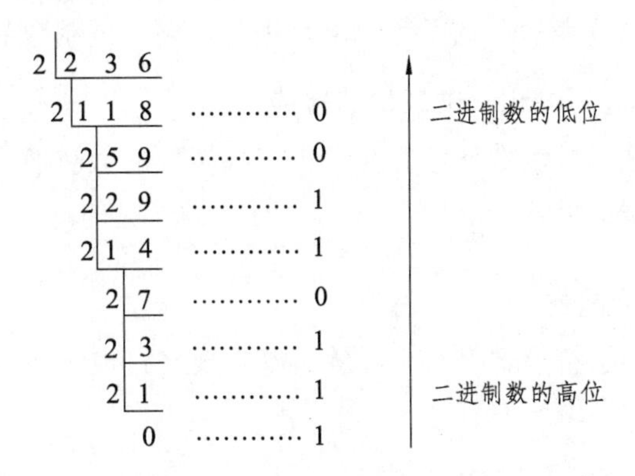

图 1.1　短除法

2. *R* 进制数转换成十进制数

用按权展开法：把一个任意 R 进制数 $a_n a_{n-1}\dots a_1 a_0.a_{-1}a_{-2}\dots a_{-m}$ 转换成十进制数：

$$a_n\times R^n+a_{n-1}\times R^{n-1}+\cdots+a_1\times R^1+a_0\times R^0+a_{-1}\times R^{-1}+a_{-2}\times R^{-2}+\cdots+a_{-m}\times R^{-m}$$

其十进制数值为每一位数字与其位权之积的和。

例如：

$$(101.11)_2 = 1\times2^2+0\times2^1+1\times2^0+1\times2^{-1}+1\times2^{-2}=(5.75)_{10}$$

$$(2017.1)_8 = 2\times8^3+0\times8^2+1\times8^1+7\times8^0+1\times8^{-1}=(1039.125)_{10}$$

$$(3C03)_{16} = 3\times16^3+12\times16^2+0\times16^1+3\times16^0=(15363)_{10}$$

3. 二进制数和八进制数互换

二进制数转换成八进制数时，只需从小数点位置开始，向左或向右将每3位二进制划分为一组（不足3位时，整数部分向前补0，小数部分向后补0），然后写出每一组二进制数所对应的八进制数码即可。为什么是3位数为一组呢？因为 $2^3=8$。

例：将二进制数（10110001.111）转换成八进制数:

010　110　001.111

2　　6　　1　7

即二进制数（10110001.111）转换成八进制数是（261.7）。反过来，将每位八进制数分别用3位二进制数表示，就可完成八进制数向二进制数的转换。

4. 二进制数和十六进制数互换

二进制数转换成十六进制数时，只需从小数点位置开始，向左或向右将每4位二进制划分为一组（不足4位时，整数部分向前补0，小数部分向后补0），然后写出每一组二进制数所对应的十六进制数码即可。

例：将二进制数（11011100110.1101）转换成十六进制数:

0110　1110　0110.1101

6　　E　　6　D

即二进制数（11011100110.1101）转换成十六进制数是（6E6.D）。反过来，将每位十六进制数分别用4位二进制数表示，就可完成十六进制数向二进制数的转换。

5. 八进制数、十六进制数和十进制数的转换

这三者转换时，可把二进制数作为媒介，先把被转换的数转换成二进制数，然后将二进制数转换成要求转换的制数形式。

1.1.2.3 非数值编码的转换

我们向计算机输入的字符、数字、字母等，都需要经过编码产生二进制数，才能被计算机识别。常见的非数值信息编码有：

1. 美国标准信息交换码（ASCII）

ASCII码是用一个7位二进制数编码，并采用8位二进制数来表示，其最高位均为0。7位二进制数总共可编出 $2^7=128$ 个码。其中，数字0～9、大写字母A～Z、小写字母a～z分别按其本来的顺序连续编码。它们的ASCII码按从小到大的顺序依次是：数字 < 大写字母 < 小写字母，如表1.1所示。

表 1.1　美国标准信息交换码 ASCII

	0000	0001	0010	0011	0100	0101	0110	0111
0000	NUL(00)H	DLE$_{(10)H}$	(SPACE)	0$_{(30)H}$	@$_{40H}$	P$_{(50)H}$	，$_{(60)H}$	p(70)H
0001	SOH	DC1	!	1	A	Q	a	q
0010	STX	DC2	"	2	B	R	b	r
0011	ETX	DC3	#	3	C	S	c	s
0100	EOT	DC4	$	4	D	T	d	t
0101	END	NAK	%	5	E	U	e	u
0110	ACK	SYN	&	6	F	V	f	v
0111	BEL	ETB	’	7	G	W	g	w
1000	BS	CAN	(	8	H	X	h	x
1001	HT	EM	)	9	I	Y	i	y
1010	LF	SUB	*	:	J	Z	j	z
1011	VT	ESC	+	;	K	[	k	{
1100	FF	FS	,	<	L	\	l	|
1101	CR	GS	−	=	M	]	m	}
1110	SO	RS	。	>	N	^	n	~
1111	SI	US	/	?	O	—	o	DEL

2. 汉字编码

汉字编码包括国标码、区位码和机内码。国标码的每个汉字用两个字节表示，每个字节的最高位为 0；区位码用一个 94 行 94 列的二维代码表来表示汉字，两个字节分别用两位十进制编码，前字节的编码称为区码，后字节的编码称为位码；机内码将国标码所用两个字节最高位置为 1。

1.2　C 语言的发展

1.2.1　C 语言的起源

C 语言是目前使用非常广泛的高级程序设计语言。然而，在所有的高级语言中，C 语言又是一门浅显易懂、灵活简明的程序语言。它不但具有高级语言功能，也有低级语言的功能。因此，C 语言既可以用来写系统软件，也可以用来写应用软件。有些人觉得 C 语言学起来很难，但只要深入研究，便会发现这门语言无穷乐趣。

最初计算机的系统软件主要采用汇编语言编写，如 UNIX 操作系统。汇编语言依赖于计算机硬件，导致程序的可读性和可移植性都比较差。为了提高程序的可读性和可移植性，我们最好使用高级语言。C 语言就在这种情况下应运而生，并迅速成为国际上广泛流行的计算机高级语言。

C 语言的原型是 ALGOL 60 语言。1960 年出现的 ALGOL 60 是一种面向问题的高级语言，但由于它离硬件比较远，不宜用来编写系统程序。1963 年，剑桥大学将 ALGOL 60 语言发展成为 CPL（Combined Programming Language）语言。1967 年，剑桥大学的 Matin Richards 对 CPL 语言进行了简化，于是产生了 BCPL 语言。

1970 年，美国贝尔实验室的 Ken Thompson 将 BCPL 进行了改良，并为它起了一个有趣的名字——“B 语言”。其意义在于将 CPL 语言“煮干”，提炼出它的精华。随后，Ken Thompson 用 B 语言写了第一个 UNIX 操作系统。1973 年，B 语言也给人“煮”了一下。美国贝尔实验室的 D. M. RITCHIE 在 B 语言的基础上设计出了一种新的语言，他取了 BCPL 的第二个字母作为这种语言的名字，这就是 C 语言。

1977 年，Dennis M.Ritchie 发表了不依赖于具体机器系统的 C 语言编译文本《可移植的 C 语言编译程序》。1978 年，以美国电话电报公司（AT&T）贝尔实验室正式发表的 UNIX 第 7 版中的 C 编译程序为基础，Brian W. Kernighan（柯尼汉）和 Dennis M. Ritchie（里奇）合著了影响深远的名著《The C Programming Language》（常常称它为《K&R》，也有人称之为《K&R 标准》）。它成为后来广泛使用的 C 语言版本的基础，但在《K&R》中并没有定义一个完整的标准 C 语言。

1983 年，美国国家标准化协会（ANSl）X3J11 委员会根据 C 语言问世以来各种版本对 C 的发展和扩充，制定了新的 C 语言标准，称为 ANSI C。ANSI C 比原来的标准 C 有了很大的发展。1988 年，K&R 按照 ANSIC 标准修改了他们的经典著作《The C Programming Language》。1987 年，ANSI 又公布了新的 C 语言标准——87 ANSI C。目前流行的 C 编译系统都是以它为基础的。当时广泛流行的各种版本的 C 语言编译系统虽然基本部分是相同的，但也存在一些差异。在微型机上使用的有 Microsoft C(MS C),Borland Turbo C，Quick C，AT&T C 等，它们的不同版本又略有差异。后来的 C++、Java、C#都是以 C 语言为基础发展起来的。

1.2.2 使用 C 语言的理由

很多人会问，为什么要学习 C 语言？简单地说，C 语言是高级语言，符合人们的用语习惯和思维习惯，容易理解，而且关键字简单，容易记牢。往大的方向说，C 语言是一种操作系统的编程语言，可以和计算机的硬件打交道。在高级语言中，C 语言是入门级语言，很多其他语言是基于 C 语言扩展的，学好 C 语言后再学习其他的语言时相对来说会容易些。

当然，C 语言能发展成为最受欢迎的语言之一，主要还是因为它具有强大的功能。C 语言的主要特点如下：

（1）C 语言简单明了、语法清晰、编写方便灵活。

（2）运算符多样。

C 语言把括号、赋值、强制类型转换等都作为运算符处理，灵活使用各种运算符可以实现在其他高级语言中难以实现的运算，功能强大。

比如++、+=可以实现自增和最后赋值运算，条件运算符？：可以实现简单的条件运算。另外，C 语言还把括号、下标、强制类型转换、取地址等都作为运算符处理，并通过与算数运算符的组合达到不同的目的，从而使程序更加简洁明了。如果能够灵活运用这些运算符便可实现在其他高级语言中难以实现的运算。

（3）数据类型多样，结构丰富，表达力强，程序编写效率高。

C 语言的数据类型有整型、实型、字符型、数组类型、指针类型、结构体类型等，能用来实现各种复杂的数据类型的运算。同时，C 语言引入了指针概念，使程序效率更高。另外，C 语言具有强大的图形功能，支持多种显示器和驱动器，且计算功能、逻辑判断功能强大。

（4）C 语言是结构式语言。

结构式语言的显著特点是代码及数据的分离，即程序的各个部分除了必要的信息交流外彼此独立。这种结构化方式可使程序层次清晰，便于使用、维护以及调试。C 语言是以函数形式提供给用户的，这些函数可方便的调用，并具有多种循环、条件语句控制程序流向（如 if…else 语句、while 语句、do…while 语句、switch 语句、for 语句等），从而使程序完全结构化。

（5）可以直接访问物理地址，实现硬件和底层系统软件的访问。

C 语言的地址运算符&、位运算符<<、>>、~、|、&、∧和指针运算符可以直接对硬件进行操作，实现汇编语言的很多功能，并且可以通过参数传递来实现对系统软件的底层调用。

（6）C 语言具有超强的可移植性。

可移植性就是从一个系统环境下，基本不作修改便可以在另一个不同的系统环境下使用。

虽然 C 语言有这么多优点，但是它也存在缺点。例如，C 语言的语法限制不严格，虽然很多人认为这是优点，但是对于初学者来说，更容易造成“太随意反而更不容易理解”的状况。比如+=到底是先进行+运算还是=运算？可能初学者并不明白。总之，C 语言在运算符方面是比较容易让人混淆的。

1.2.3　C 语言的发展方向

C 语言是一门很有前途的语言。不仅操作系统是用 C 语言写的，硬件驱动程序也是用 C 语言写的，嵌入式行业、微电子行业中也广泛使用 C 语言。当然，取得这些的前提是要对 C 语言进行深入学习，学精。为了更好地适应多种工作岗位，建议还可以学习 C++。

1.3　C 语言程序的基本结构

1.3.1　C 语言程序的组成

1.3.1.1　程序组成

C 语言程序可以由一个或多个源程序文件组成。一个源文件可以由若干个函数和预处理命令以及全局变量声明部分组成，一个函数由数据定义部分和执行语句（函数体）组成。一个源程序不论由多少个文件组成，都有且仅有一个 main()函数，即主函数。源程序中可以有预处理命令（include 命令仅为其中的一种），预处理命令通常应放在源文件或源程序的最前面，并且必须以#开头。每一条语句都必须以分号结尾，但预处理命令、函数头和花括号之后不能加分号。

一个函数由两部分组成：函数定义和函数体。

（1）函数定义由函数类型、函数名称、参数类型和参数名组成。

（2）函数体是在函数定义下面包含在花括号{……}内的全部语句。函数内可能有多个花括号，但是花括号都是成对出现的，有左括号就应该有右括号。函数体以第一个花括号开始，最后一个花括号结束。

例 1.1 函数调用，交换 a,b 的值。

```
main()                          /*主函数*/
{
    int a=4,b=6;                /*定义整型变量 a,b 并赋初值*/
    exchange(a,b);              /*调用 exchange 函数*/
    printf("a=%d,b=%d\n",a,b);  /*输出交换后 a,b 的值*/
}
exchange(int x,int y)           /*定义 exchange 函数*/
{
    int tmp;                     /*定义中间变量 tmp*/
    tmp=x;                      /*将 x 值赋给 tmp*/
    x=y;
    y=tmp;
    printf("x=%d,y=%d\n",x,y);
}
```

本程序包括两个函数：主函数 main()和被调用的自定义函数 exchange()。在 main()函数中定义两个整型变量 a,b，并分别赋初值；exchange（a,b）的作用是在调用时将实际参数 a,b 的值分别传送给后面 exchange()中的形式参数 x,y; printf 是输出交换后 a,b 的值，右花括号表示主函数体结束。Exchange()函数的作用是将形式参数 x,y 互换，即将 x 的值赋给 tmp，再将 y 的值赋给 x，最后再将 tmp 中所保存的 x 值赋给 y，完成交换。printf()函数中双引号内的“x=%d,y=%d\n”，在输出时，x=和 y=原样输出，%d 将会别被 x,y 的值代替，“\n”表示换行。

1.3.1.2 基本结构

在 C 语言程序中，共有四种程序结构：顺序结构、分支结构（选择结构）、循环结构和模块化程序结构。

1. 顺序结构

顺序结构指程序在执行过程中按从上到下的顺序依次执行。程序员只需要按照要解决问题的顺序写出相应的语句即可。

例 1.2 简单的顺序输出程序。

```
#include<stdio.h>              /*预处理命令，必须以#开头*/
main()                         /*主函数*/
{
    int a=1,b=2;
```

```
    printf("a+b=%d",a+b);        /*输出双引号中的字符串，同时紧挨着输出 a+b 的值*/
}
```

2. 分支结构

分支结构的执行是依据一定的条件选择执行路径，而不是严格按照语句出现的物理顺序，对于要先做判断再选择的问题就要使用分支结构，如图 1.2 所示。分支结构在执行过程中，会根据带有逻辑或关系比较等条件判断的结果来决定之后向哪一个分支方向执行。

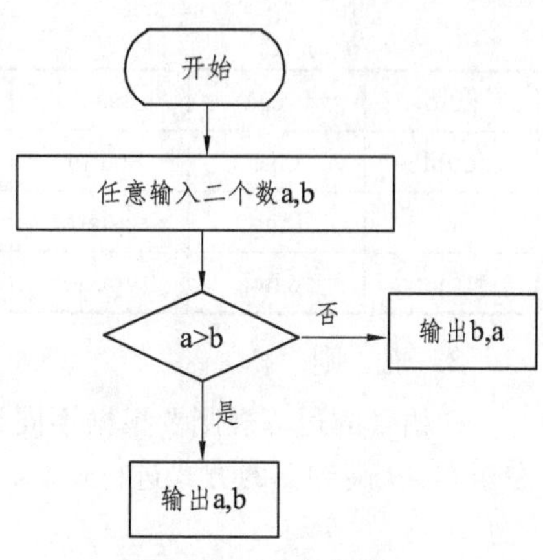

图 1.2　分支结构图

3. 循环结构

循环结构可以减少源程序重复编写的工作量，提高程序处理复杂数据的能力，这也是程序设计中最能发挥计算机特长的程序结构。循环结构有一个循环体，循环体里是需要达到某种目的的代码。对于循环结构来说，关键在于根据判断的结果，来决定循环体执行多少次。

C 语言中提供四种循环，即 goto 循环、while 循环、do…while 循环和 for 循环。我们主要学习 while、do…while、for 三种循环。

4. 模块化程序结构

C 语言的模块化程序结构用函数来实现，即将复杂的 C 程序分为若干模块，每个模块都编写成一个 C 函数，然后通过主函数调用函数或函数调用函数来实现大型 C 程序的编写。

C 程序结构如图 1.3 所示。

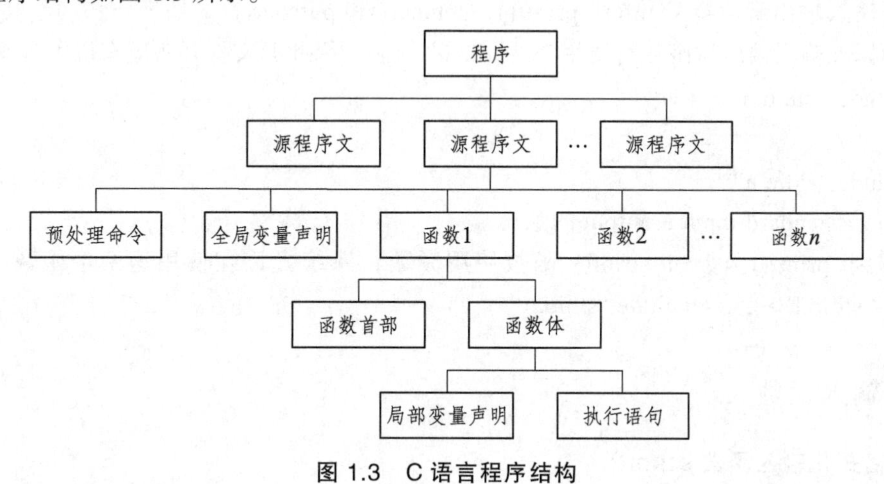

图 1.3　C 语言程序结构

1.3.2　字符集、关键词及规则

1. 字符集

字符是组成语言的最基本的元素。C 语言字符集由字母（26 个小写字母 a ~ z 和 26 个大写字母 A ~ Z）、数字 0 ~ 9、空格、标点符号和特殊字符组成。

2. 关键词

在 C 语言中只有 32 个关键字（见表 1.2）和 9 种控制语句，对于初学者来说比较容易掌握。关键词在设计程序过程中符合我们的录入习惯（比如程序中的关键字一般使用小写字母），在结构体的设计方面也符合我们平常的逻辑思维。

表 1.2 C 语言关键字

auto	break	case	char	const	continue	default	do
double	else	enum	extern	float	for	goto	if
int	long	register	return	short	signed	sizeof	static
struct	switch	typedef	union	unsigned	void	volatile	while

3. 规 则

C 语言的运算规则要根据不同类型的运算符确定它的运行优先级别，多数运算符采用从左至右，从高到低的方式进行运算，也有少数是从右至左的方式进行运算（比如赋值运算符）。

1.4 常用的输入/输出函数

在程序执行的过程中，往往需要用户输入一些数据，程序的运算结果也需要输出给用户，由此实现人与计算机之间的交互。因此，在程序设计中，输入输出语句是必不可少的重要语句。在 C 语言中，所有的输入输出操作都是通过对标准输入输出库函数的调用实现的。最常用的输入输出函数有 scanf()，printf()，getchar()和 putchar()。

使用标准输入输出库函数时要用到“stdio.h”文件，因此源文件开头应有以下预编译命令：

#include <stdio.h >

或

#include “stdio.h”

stdio 是 standard input &output 的意思。

考虑到 printf()函数和 scanf() 函数使用频繁，系统允许在使用这两个函数时可不加 #include < stdio.h > 或 #include “stdio.h”。

1.4.1 输入函数

1. 格式化输入函数 scanf()

scanf() 函数称为格式化输入函数，即按用户指定的格式从键盘上把数据输入到指定的变量之中。

scanf() 函数的一般形式为：

scanf(“格式控制字符串”,地址列表);

其中，格式控制字符串的作用与 printf() 函数相同，但不能显示非格式字符串，也就是不能显示提示字符串。地址列表中给出各变量的地址。地址是由地址运算符&后跟变量名组成的。

和 printf() 函数中的格式说明相似，以 %A 开头，以一个格式字符结束，中间可以插入附加的字符。表 1.3 列出了 scanf() 函数用到的格式字符。

表 1.3　scanf()格式字符

格式符	含　义
d,i	用来输入有符号的十进制整数
x,X	用来输入有符号的十六进制整数
o	用来输入有符号的八进制整数
u	用来输入不带符号十进制整数
c	用来输入单个字符
s	用来输入字符串，将字符串置于一个字符数组中，在输入时以非空白字符开始，以第一个空白字符结束。字符串以串结束标志’\0’作为其最后一个字符
f	用来输入实数，可以用小数形式或指数形式输入
g，G，e，E	与 f 作用相同，e 与 f，g 可以相互嵌套（大小写作用相同）

表 1.4 列出了输入函数 scanf()可以用的附加说明字符（修饰符）。

表 1.4　scanf()附加说明字符

修饰符	功　能
m	用于输入数据域宽
h	用于输入短整型数据（可用%hd,%ho,%hx）
*	表示本输入项在读入后不赋给相应的变量
l	用于输入长整型数据（可用%ld,%lo,%lx）以及 double 型数据（用%lf 或%le）

注意：

（1）“*” 符：用以表示该输入项读入后不赋予相应的变量，即跳过该输入值。

例如：

scanf("%d %*d %d",&a,&b);

当输入为 1 2 3 时，程序将把 1 赋予 a，2 被跳过，3 赋予 b。

（2）scanf 函数中没有精度控制。例如，scanf("%5.2f",&a);是非法的，不能企图用此语句输入小数为 2 位的实数。

（3）scanf 函数中要求给出变量地址，如果给出变量名则会出错。例如，scanf("%d",a);是非法的，应改为 scanf("%d",&a);才是合法的。

（4）在输入多个数值数据时，若格式控制串中没有非格式字符作输入数据之间的间隔，则可用空格、Tab 或换行作间隔。C 语言编译程序在碰到空格、Tab、换行或非法数据（如对“%d” 输入“12A” 时，“A” 即为非法数据）时即认为该数据结束。

（5）在输入字符数据时，若格式控制串中无非格式字符，则认为所有输入的字符均为有效字符。

例如：

scanf("%c%c%c",&a,&b,&c);

输入为：

 d e f

则把'd'赋予 a，' '赋予 b，'e'赋予 c。

只有当输入为：

 def

时，才能把'd'赋予 a，'e'赋予 b，'f'赋予 c。

如果在格式控制串中加入空格作为间隔，如：

scanf ("%c %c %c",&a,&b,&c);

则输入时各数据之间可加空格。

例 1.3 无非格式字符的字符数据输入。

```
main()
{
    char a,b;
    printf("input character a,b\n");
    scanf("%c%c",&a,&b);
    printf("%c%c\n",a,b);
}
```

由于 scanf 函数"%c%c"中没有空格，若输入"M N"，结果输出只有"M"。而输入改为"MN"时则可输出"MN"两字符。

（6）如果格式控制串中有非格式字符，则输入时也要输入该非格式字符。

例如：

scanf("%d,%d,%d",&a,&b,&c);

其中用非格式符,作间隔符，故输入时应为：

5,6,7

又如：

scanf("a=%d,b=%d,c=%d",&a,&b,&c);

则输入应为：

a=5,b=6,c=7

（7）如果输入的数据与输出的类型不一致，虽然编译能够通过，但结果将不正确。

例 1.4 输入输出数据类型控制。

```
main()
{
  int a;
  printf("input a number\n");
  scanf("%d",&a);
  printf("%ld",a);
}
```

由于输入数据类型为整型，而输出语句的格式串中说明为长整型，因此输出结果和输入数据不符。现将改动程序如下：

```
main()
{
  long a;
  printf("input a long integer\n");
  scanf("%ld",&a);
  printf("%ld",a);
}
```

则运行结果为：

```
input a long integer
1234567890
1234567890
```

当输入数据改为长整型后，输入输出数据相同。

2. 字符输入函数 getchar()

getchar()函数的功能是从键盘上输入一个字符。其一般形式为：

```
getchar();
```

通常把输入的字符赋予一个字符变量，构成赋值语句，如：

```
char c;
c=getchar();
```

例 1.5　输入单个字符。

```
#include <stdio.h>
main()
{
  char c;
  printf("input a character\n");
  c=getchar();
  putchar(c);
}
```

使用 getchar()函数时，还应注意几个问题：

（1）getchar()函数只能接受单个字符，即使输入数据为数字也按字符处理。当输入多于一个字符时，程序只接收第一个字符。

（2）使用本函数前必须包含文件“stdio.h”。

（3）在 TC 屏幕下运行本函数时，将退出 TC 屏幕进入用户屏幕等待用户输入，输入完毕再返回 TC 屏幕。

（4）程序最后两行可用下面两行的任意一行代替：

```
putchar(getchar());
printf(“%c”,getchar());
```

1.4.2 输出函数

1. 格式化输出函数 printf()

Printf()函数称为格式输出函数，其关键字最末一个字母 f 即为“格式”（format）之意。其功能是按用户指定的格式，把指定的数据显示到显示器屏幕上。

（1）用法 1：

printf(“字符串”);

在显示器上输出指定的字符串。

例：printf(“Good morning!\n”);/*在显示器上输出字符串 Good morning!*/

（2）用法 2：

printf 函数调用的一般形式为：

printf(“格式控制字符串”，输出列表);

其中，格式控制字符串用于指定输出格式。格式控制串可由格式字符串和非格式字符串两种组成。格式字符串是以 % 开头的字符串，在%后面跟有各种格式字符，以说明输出数据的类型，如表 1.5 所示。

表 1.5 printf()格式字符串

格式符	含义	例题	答案
d,i	十进制整数	int a=567;printf (“%d”,a);	567
x,X	十六进制无符号整数	int a=255;printf(“%x”,a);	ff
o	八进制无符号整数	int a=65;printf(“%o”,a);	101
u	不带符号十进制整数	int a=567;printf(“%u”,a);	567
c	单个字符	char a=65;printf(“%c”,a);	65
s	字符串	printf(“%s”,“ABC”);	ABC
e,E	指数形式浮点小数	float a=567.789;printf(“%e”,a);	5.677890e+02
f	小数形式浮点小数	float a=567.789;printf(“%f”,a);	567.789000
g	e 和 f 中较短一种	float a=567.789;printf(“%g”,a);	567.789
%%	百分号本身	printf(“%%”);	%

表 1.6 所示为输出数据的形式、长度、小数位数等附加格式说明符。

表 1.6 printf()附加格式说明符

修饰符	功能
m	输出数据域宽。如果数据长度<m，则左边补空格，否则按实际宽度输出数据
.n	对于实数，指定四舍五入保留的小数位数；对于字符串，指定实际输出位数
−	结果按左对齐方式输出，右边填空格
+	结果按右对齐方式输出，左边填空格
0	输出数值时指定左面不使用的空位置自动填 0
%	格式说明开始标志
l	在 d,o,x,u 前，指定输出精度为 long；在 e,f,g 前，指定输出精度为 double 型

非格式字符串在输出时原样输出，在显示中起提示作用。

说明：

（1）格式字符与输出项个数应相同，按先后顺序一一对应。

（2）如果格式字符与输出项类型不一致，则自动按指定格式输出。

例 1.6　输出函数格式字符串。

```
#include <stdio.h>
main()
{
  int a=123;
  float b=123.456789;
  printf("a=%d,a=%5d,a=% - 5d,a=%05d\n",a,a,a,a);
  printf("b=%9.2f\n",b);
  printf("%d,%o,%x,%u\n",a,a,a,a);
}
```

运行结果：

```
a=123,a=   123,a=123   ,a=00123
b=     123.46
123,173,7b,123
```

注意：使用 printf()函数时还要注意一个问题，那就是输出列表中的求值顺序。不同的编译系统的求值顺序不一定相同，可以从左到右，也可从右到左。例如，Turbo C 就是按从右到左进行的。请看下面两个例子：

例 1.7　格式化输出函数示例 1。

```
main()
{
 int i=8;
 printf("%d\n%d\n%d\n%d\n%d\n%d\n",++i, - - i,i++,i - - , - i++, - i - - );
}
```

运行结果：

```
8
7
8
8
 - 8
 - 8
```

例 1.8　格式化输出函数示例 2。

```
main()
{
 int i=8;
 printf("%d\n",++i);
```

```
 printf("%d\n", - - i);
 printf("%d\n",i++);
 printf("%d\n",i - - );
 printf("%d\n", - i++);
 printf("%d\n", - i - - );
}
```

运行结果：

```
9
8
8
9
-8
-9
```

这两个程序的区别只是使用一个 printf() 语句和多个 printf() 语句输出，但是输出结果的是不同的。为什么结果会不同呢？因为 printf() 函数对输出表中各变量求值的顺序是自右至左进行的。在例 1.7 中，程序先对最后一项“－i－－”求值，结果为－8，然后 i 自减 1 后为 7；再对“－i++”项求值得－7，然后 i 自增 1 后为 8；再对“i－－”项求值得 8，然后 i 再自减 1 后为 7；再求“i++”项得 7，然后 i 再自增 1 后为 8；再求“－－i”项，i 先自减 1 后输出，输出值为 7；最后才求输出表列中的第一项“++i”，此时 i 自增 1 后输出 8。

但是必须注意，虽然求值顺序是自右至左，但是输出顺序还是从左至右，因此得到的结果是上述输出结果。

2. 字符输出函数 putchar()

putchar() 函数是字符输出函数，其功能是在显示器上输出单个字符。

其一般形式为：

putchar(字符变量);

例如：

```
putchar('A'); /*输出大写字母 A*/
putchar(x); /*输出字符变量 x 的值*/
putchar('\101'); /*是输出字符 A*/
putchar('\n'); /*换行*/
```

对控制字符，putchar()函数则执行控制功能，不在屏幕上显示相应字符。

使用 getchar()和 putchar()函数前必须要用文件包含命令：

```
#include<stdio.h>
```

或

```
#include "stdio.h"
```

例 1.9 输出单个字符。

```
#include<stdio.h>
main()
```

```
{
 char a='B',b='O',c='Y';
 putchar(a);putchar(b); putchar(c);putchar('\n');
}
```

1.5　C 语言程序实例

1.5.1　实训 1：Hello China!

知识准备：

（1）掌握函数的结构。

（2）掌握输出语句的使用。

项目内容：

输出“Hello China!”。

分析过程：

使用 printf()函数输出对应内容。

下面给出完整的源程序：

```
#include<stdio.h>                    /*预处理命令，必须以#开头*/
main()                                /*主函数*/
{
printf("Hello China!\n");            /*输出双引号中的字符串。\n 表示换行*/
}
```

1.5.2　实训 2：求一个圆的面积

知识准备：

（1）掌握变量的定义及使用。

（2）灵活使用运算符。

（3）掌握数据类型相互转换。

项目内容：

从键盘输入任意数值为圆的半径，输出圆的面积。

分析过程：

（1）要从键盘得到半径，首先需要使用接收数据的输入函数，思考什么函数可以从键盘得到数据。

（2）输入的半径需要存放在一个变量中。

（3）判断该半径是否合法。

（4）思考圆的面积数值应该以实型还是整型输出。

下面给出完整的源程序：

```
#include<stdio.h>
main()
{
int r;                              /*r 为圆的半径*/
  printf("请输入 r:");
scanf("%d",&r);
if(r>0)                             /*判断 r 是否大于 0*/
     printf("面积是:%f\n",3.1415*r*r);
else
printf("输入的 r 值不合法!\n");
}
```

参考答案

1.6 习　题

1. 简要描述 C 语言的特点。
2. 简要描述 C 语言与其他高级语言的区别。
3. 简要描述 C 语言程序的构成。
4. 请参照本章例题编写一个简单的 C 程序，输出“It’s Great!”。
5. 上机运行本章例 1.2，熟悉 Turbo C 环境以及编译、连接和运行方法。

第 2 章　C 语言基础知识

学习要求： 掌握 C 语言的基本数据类型及转换，能将多种运算符及表达式灵活运用在程序编写中。

主要内容： 本章主要讲解 C 语言的数据类型及转换，以及运算符和表达式的定义及使用规则。

本章源代码

2.1　基本数据类型

在 C 语言程序中，每个数据都有一个属于自己的数据类型，如整型、实型、字符型等。每一个数据类型又有不同的表示形式，包括取值范围、占用的内存空间大小等。C 语言的数据类型包含多种形式，如基本类型、构造类型、指针类型、空类型等。C 语言的数据类型如图 2.1 所示。

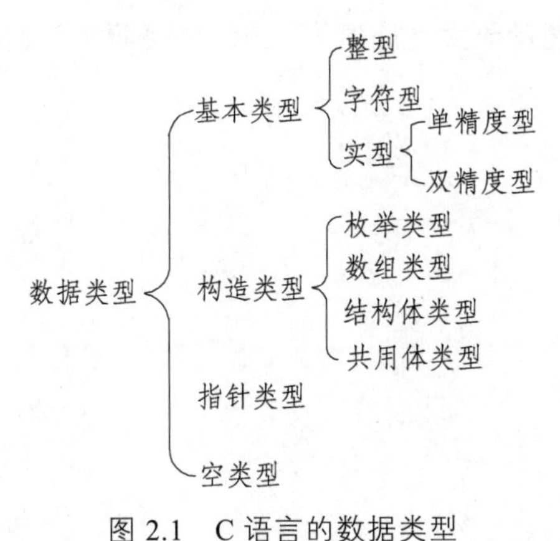

图 2.1　C 语言的数据类型

C 语言中的数据有常量和变量之分，而常量和变量由以上的数据类型定义。程序中所要用到的所有数据都必须先指定数据类型。

2.1.1　整型数据

1. 整型数据的类型

整型数据包括整型（int）、短整型（short int 或 short）、长整型（long int 或 long）。

一个 int 的变量取值范围为 $-2^{15}\sim(2^{15}-1)$，即 $-32768\sim32767$。这三种整型数据类型都可以指定为“有符号（signed）”或“无符号（unsigned）”，如果既不指定为 signed，也不指定为 unsigned，则默认为 signed。当然，在实际操作中 signed 通常省略不写。归纳起来，整型数据分为以下 6 种，如表 2.1 所示。

表 2.1 整型数据类型

类型	微机中内存占位（bit）	最小取值范围
[signed]int	16	$-32768\sim32767$ 即 $-2^{15}\sim(2^{15}-1)$
unsigned int	16	$0\sim65535$ 即 $0\sim(2^{16}-1)$
[signed]short[int]	16	$-32768\sim32767$ 即 $-2^{15}\sim(2^{15}-1)$
unsigned short[int]	16	$0\sim65535$ 即 $0\sim(2^{16}-1)$
long[int]	32	$-2^{31}\sim(2^{31}-1)$
unsigned long[int]	32	$0\sim(2^{32}-1)$

表 2.1 中“类型”列中的方括号部分是可以省略的，如 signed short int 与 short 等价。有符号和无符号的取值范围区别在于，有符号的最高位不作为存放数据本身的存储单元，而是代表符号（0 为正，1 为负）。无符号的全部二进制位都用作存储数据的存储单元。

2. 整型变量的定义

对变量的定义一般是放在函数的开头部分。例如：

```
int a,b,c,d;
unsigned e;
long f,g;
```

在程序中，一个 int 型变量最大允许值为 32767，要防止数据的溢出。

例 2.1 整型数据溢出。

```
main()
{
   int a,b;
   a=32767;
   b=a+1;
   printf("%d,%d",a,b);
}
```

运行结果为：

32767，-32768

通过上例看出，如果一个数据够大且超过 int 型数据的最大允许值，那么可以定义为 long。

2.1.2 实型数据

在讲实型变量前，先说一下什么是变量？变量就是其值可以改变的量。比如：定义一个整型变量“int n;”，这个“n”的值就可以是：“n=1”，也可以是“n=2”，关键在于你打算怎么赋值。一般情况，变量都有一个名字，这个名字就称为“标识符”。标识符主要用来标识变量名、符号常量名、函数名、数组名、类型名、文件名等。在 C 语言里，标识符只能由字母、下划线、数字三种符号组成，并且标识符的第一个字符必须是字母或者下划线。

1. 实型常量

（1）实型常量的表示方法。

实型常量又称为实数，在 C 语言中又称为浮点数。实型常量有两种表示形式：

① 十进制小数形式。它由数字 0 ~ 9 和小数点组成（注意：必须有小数点）。例如，0.123，123.0，.123，0.0 都是实数，而 89，54 就不是实数。

② 指数形式。形如 123e3 或 123E3 为指数，其书写格式为：<尾数>E<指数>，它所表示的是 123×10^3。

注意：字母 e 或 E 之前必须有数字，且 e 后面指数必须为整数，E 或 e 的前后及数字之间不能有空格。例如，e3，1.1e2.1，e 这些都是不合法的指数形式。

（2）实型常量的类型。

许多 C 语言编译系统不区分单、双精度实型常量，都将其统一作为双精度型来处理，以保证运算结果更精确。双精度数据占 64 位。当然，我们可以在数字的后面加字母 f 或 F（如 1.23f,4.56F），这样编译系统就会将数据按单精度数据（32 位）处理。

2. 实型变量

在讲实型变量前，先说一下什么是变量？变量就是其值可以改变的量。例如，定义一个整型变量“int n;”，这个“n”的值就可以是“1”，也可以是“2”，关键在于你打算怎么赋值。一般情况下，变量都有一个名称，这个名称就称为“标识符”。标识符主要用来标识变量名、符号常量名、函数名、数组名、类型名、文件名等。在 C 语言里，标识符只能由字母、下划线、数字三种符号组成，并且标识符的第一个字符必须是字母或者下划线。

（1）实型变量的分类。

实型变量分为单精度型（float）、双精度型（double）和长双精度型（long double）3 类（见表 2.2）。

表 2.2　实型数据

类型	微机中内存占位（bit）	有效数字	数值精度范围
float	32	6 ~ 7	$10^{-37} \sim 10^{38}$
double	64	15 ~ 16	$10^{-307} \sim 10^{308}$
long double	128	18 ~ 19	$10^{-4931} \sim 10^{4932}$

实型数据在内存中的存储方式与整型数据不同。实型数据是按照指数形式存储。系统把一个实型数据分成小数部分和指数部分分别存放。指数部分采用规范化的指数形式，即在字母 e（或 E）之前的小数部分中，小数点左边只有一位非零数字（如 1.23456E5 和 3.12345e10）。

（2）实型变量的定义。

① 实型变量的定义有两种形式，分别表示单精度类型和双精度类型。定义形式为：

float　变量名列表；

double　变量名列表；

例如：

```
float a,b;            /*定义 a,b 为单精度实数*/
double c,d;           /*定义 c,d 为双精度实数*/
long double e,g;      /*定义 e,g 为长双精度实数*/
```

（3）实型变量的舍入误差。

由于实型变量是由有限的存储单元组成的，因此能提供的有效数字总是有限的，在有效数字以外的数字将被舍去，因此可能会产生一此误差。

例 2.2 实型数据的舍入误差。

```
main()
{
  float a,b;
  a=12345678.90221E5;
  b=a+50;
  printf("a=%f,b=%f",a,b);      /* %f 是输出一个实数的格式符*/
}
```

在这个程序中，a 和 b 输出的值是相等的。原因是一个实型变量的有效数字是 7 位，超过 7 位后的数字无意义。所以，a+50 的值不能准确地表示该数。在做程序设计时，应避免将一个很大的数和一个很小的数相加或相减。

2.1.3 字符型数据

1. 字符常量

（1）C 语言的字符常量是用单引号括起来的一个字符，如'a','D','$','@'。大写字母与小写字母是不同的字符常量，如'a'和'A'是不同的字符。请注意，单引号是定界符，不占存储空间。

（2）转义字符。C 语言中还有一些特殊的字符常量，它们是以"\"开头的字符序列。这是一种"控制字符"，不能显示在屏幕上。例如，在前面的程序中用到的'\n'代表"换行"意思。

常用的以"\"开头的转义字符见表 2.3。

表 2.3 转义字符

转义字符形式	含　义
\n	换行，当将位置移到下一行开头
\t	水平制表（跳到下一个 tab 位置）
\b	退格，当前位倒退一格（相当于键盘上的退格键）
\r	回车，将当前位置移到本行开头（不换行）
\f	换页，将当前位置移到下页开头
\\	显示反斜杠字符'\'
\'	单引号字符
\"	双引号字符
\ddd	1 到 3 位八进制数所代表的字符
\xhh	1 到 2 位十六进制数所代表的字符
\a	响铃

表 2.3 中'\ddd'表示将 1～3 位数转换成 ASCII 码值所对应的符号。例如，'\101'代表 ASCII 码（十进制数）为 65 的字符'A'，'\012' 代表换行，'\0'或'\000'代表 ASCII 码为 0 的控制符，即“空操作”。'\xhh'中“x”代表十六进制，hh 代表十六进制数。例如'\x61'代表“a”，'\x6a'代表字母“j”。

例 2.3　转义字符的使用。

```
main()
{
  char a=65,b=66,c=67;
  printf("a\tbcd\\\ref\n");
  printf(" g h %c\t%c %c\n",a,b,c);
}
```

输出结果如图 2.2 所示。

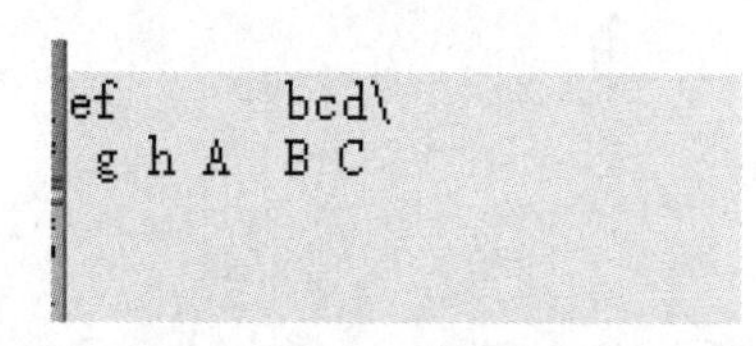

图 2.2　例 2.3 输出结果

2. 字符变量

字符变量用来存放字符常量，并且只能放一个字符。一个字符变量在内存中占 1 个字节。字符变量的定义形式如下：

char c1,c2;

上述语句定义 c1 和 c2 为字符型变量。字符变量的使用方式如下：

例 2.4　向字符变量赋值。

```
main()
{
char c1='a',c2=66;
printf("%c %c\n",c1,c2);
printf("%d",c1);
}
```

结果为：a B
　　　　97

注意：将一个字符常量放到一个字符变量中，实际上并不是把该字符本身放到内存单元中，而是将该字符相应的 ASCII 码值放到存储单元。将一个数值赋值给一个字符常量，并以字符型输出时，也将通过 ASCII 码转换为对应的字符输出。但是，由于字符数据只占 1 个字节，它只能存放 0～255 的整数。

在 C 语言中，允许对整型变量赋以字符值，也允许对字符变量赋以整型值；允许把字符变量按整型值输出，也允许把整型变量按字符输出。因此，字符数据可以加减运算，只是运算形式是通过 ASCII 码值进行加减来实现。

3. 字符数据的输入输出

（1）字符输入函数 getchar()。

getchar()函数的作用是从指定的输入设备输入一个字符，其格式为：

getchar();

例如：

```
char c;
c=getchar();      /*从键盘读入一个字符，并且赋给变量 c */
```

这里的 getchar()和 scanf()函数有着相似的作用。

（2）字符输出函数 putchar()。

putchar()函数的作用是向终端输出一个字符，其格式为：

putchar(c);

其中 c 可以是字符型变量也可以是整型变量。

例 2.5　字符输入输出函数的使用

```
#include<stdio.h>
main()
{
   char a,b,c;
   a='A';
   b=getchar();
   scanf("%c",&c);      /*从键盘读入一个字符，并且赋给变量 c */
   putchar(a);
   putchar(b);
   printf("%c",c);
}
```

这个程序运行过程中，从键盘输入任意两个字符，并把第一个字符赋给变量 b，第二个字符赋给变量 c，最后输出变量 a,b,c 的值。

4. 字符串

（1）字符串常量。

前文讲的字符常量是由一对单引号括起来的单个字符。而字符串常量则是一对双引号括号起来的字符序列。例如："Welcome to China""How are you""zhangshan"这些都是字符串常量。

字符常量和字符串常量不仅在单引号和双引号有区别，还有更重要的是，字符串常量还包含一个"字符串结束标志"，即"\0"。每一个字符串的结尾都有一个"字符串结束标志"。例如，一个字符串"zhangshan"，实际在内存中存储如图 2.3 所示。

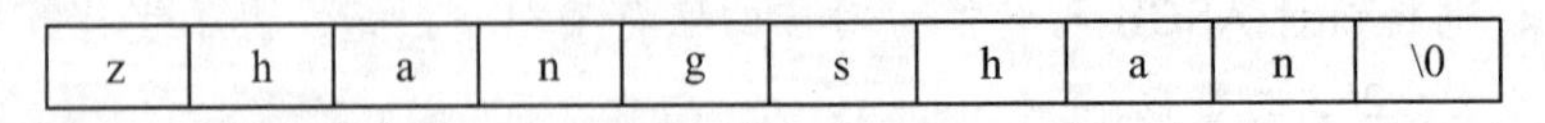

z	h	a	n	g	s	h	a	n	\0

图 2.3　字符串在内存中存储状态

它的长度不是 9 个字符，而是 10 个字符，最后一个字符为"\0"，"\0"不需要我们输入，而是系统内部默认添加的。因此，字符串"a"实际上就是'a'和'\0'两个字符组成。

在 C 语言中没有专门的字符串变量，如果想将一个字符串存放在变量中，必须使用字符数组。这将在以后的章节中介绍。

（2）字符串的输出。

前文讲到字符数据的输出格式为“%c”，而字符串的输出格式符为“%s”。字符串的格式化输出形式包括：

① %s。例如：printf(“%s”，“program”)，输出结果为：program　。

② %ms。输出的字符串占 m 列。如果字符串本身长度大于 m,则突破 m 的限制，将字符串全部输出；若字符串长度小于 m，则向左补齐空格。例如：printf(“%8s”，“program”)，输出结果为：　program。

③ %－ms。如果字符串长度小于 m，则在 m 列范围内，字符串向左对齐输出，向右补齐空格。例如：printf(“%－8s”，“program”)；输出结果为：program　。

④ %m.ns。输出的字符串占 m 列，但只取字符串中从左到右 n 个字符。这 n 个字符向右对齐输出，向左补空格。如果 n>m，则 m 自动取 n 值，保证 n 个字符正常输出。例如：printf(“%7.3s”，“program”)，输出结果为：　　　　pro。

⑤ %－m.ns。这与上一格式的区别在于 n 个字符输出在 m 列范围的左侧，右补空格。例如：printf(“%－7.3s”，“program”)，输出结果为：pro　　　　。

2.2　运算符和表达式

运算符是编译程序执行特定运算操作的符号。C 语言的运算范围很广。C 语言把除了控制语句和输入输出语句以外的几乎所有的基本操作都作为运算符处理。常见的运算符有算术运算符、关系运算符、赋值运算符、逻辑运算符、位运算符、条件运算符、逗号运算符等，参见表 2.4。

表 2.4　常见运算符

运算符名	符号
算术运算符	+、－、*、/、%
关系运算符	>、<、==、>=、<=、!=
赋值运算符	=、复合赋值运算符
逻辑运算符	!、&&、||
位运算符	<<、>>、~、|、^、&
条件运算符	? :
逗号运算符	,
下标运算符	[]
指针运算符	*、&

2.2.1 算术运算符及其表达式

1. 基本的算术运算符

学过数学的人都知道，算术运算包括加、减、乘、除，在计算机中对应的符号为：+、－、*、/。在C语言中，算术运算还有一个模运算，对应符号为“%”。下面介绍一下这几种运算符：

+（加法运算符或正值运算符。如：1+2，+3）；

－（减法运算符或负值运算符。如：4－1，－5）；

*（乘法运算符。如：6*7）；

/（除法运算符。如：8/6）；

%（模运算符，或称求余运算符，% 两侧均应为整型数据。如7%4，其值为3）。

注意：两个整数相除，结果同样为整数，如8/6的结果为1，舍去了小数部分，如果参于+、－、*、/运算的两个数中有一个数为实型，则结果是double型，因为所有实数都按double型进行运算。

2. 表达式及优先级别

用算术运算符和括号将运算对象连接起来的、符合C语言语法规则的式子，称为算术表达式。例如：7－2*3+4/3+'a'。

C语言规定了运算符的优先级运算原则：在表达式的求值运算过程中，从左至右，按优先级别的高低执行（如先乘除后加减）。如果运算符两侧数据类型不同，则会先自动进行类型转换，使二者具有同一种类型，然后进行运算。

3. 自增自减运算符

自增自减运算符的作用是使某个变量的值加1或减1。自增自减运算符只能用于变量，不能用于常量。例如：i++，i－－，++i，－－i。i++，i－－相当于在使用变量i后，其值增加1或者减少1；而++i，－－i则刚好相反，是使用变量i前先增加1或者减少1。

例2.6 自增自减运算符的使用。

```
main()
{
  int a,b,c,d,i,j;
  i=3;j=4;
  a=i++; b=++i;
  c=－－j; d=j－－;
  printf("i=%d,j=%d\n",i,j);
  printf("a=%d,b=%d\n",a,b);
  printf("c=%d,d=%d\n",c,d);
}
```

程序输出的结果为：i=5,j=2

a=3,b=5

c=3,d=3

值得注意的是，“a=i++”实际上是把 i=3 这个值先赋给了 a，然后 i=i+1，此时 i=4。接着又将++i 的值赋给 b，相当于 i 先增加 1 再赋给 b，所以 b 的值为 5，i 的值也为 5。

在操作过程中，自增自减（++、– –）的结合方式是“从右自左”。例如“a= – i++”，实际操作是 a= – (i++)而不是（ – i)++，这点一定要分清楚。当然，作为程序员最好不要写让人看起来很有歧义的执行语句。

2.2.2　赋值运算符及其表达式

1. 赋值运算符

赋值运算符就是“=”，它的作用是将一个数据赋值给一个变量。例如，“a=8”是将 8 赋值给变量 a。当然，也可以将一个表达式的值赋给一个变量。如：“a=b+2”。

2. 复合的赋值运算符

在赋值运算符“=”之前加上其他运算符，可以构成复合的运算符。C 语言规定可以使用 10 种复合赋值运算符，即+=、–=、*=、/=、%=、<<=、>>=、&=、^=、|=。

例如：a+=5，等价于 a=a+5；x*=y+2,等价于 x=x*(y+2)；z%=8,等价于 z=z%8。

注意：

赋值的时候一定要注意数据类型是否一致。比如，将一个 double 数据赋值给一个 float 型变量就会产生溢出错误。

2.2.3　关系运算符及其表达式

1. 关系运算符

所谓关系运算实际上是“比较运算”。将两个值进行比较，判断其比较的结果是否符合给定的条件。关系运算符共有以下六种：

① <　　小于
② <=　　小于或等于
③ >　　大于
④ >=　　大于或等于
（以上）优先级相同（高）

⑤ ==　　（全）等于
⑥ !=　　不等于
（以上）优先级相同（低）

关系运算符的优先次序：

（1）前 4 种关系运算符的优先级别高于后 2 种；

（2）关系运算符的优先级低于算术运算符，高于逻辑运算符；

（3）关系运算符的优先级高于赋值运算符。

例如：a>b+c 等效于 a>(b+c)，a==b<c 等效于 a==(b<c)，a=b>c 等效于 a=(b>c)。

2. 关系表达式

用关系运算符将两个表达式（可以是算术、关系、逻辑、赋值和字符表达式）连接起来的式子，称为关系表达式，如 a>b，a+b>b+c，'a'<'b'。

关系表达式的值是一个逻辑值，即“真”或“假”。数值“0”代表“假”，“1”代表“真”。例如：a=2,b=3,c=1，则 a>b 的值为假“0”，a<b==c 表达式的值为真“1”（因为 a<b 的值为“1”，等于 c 的值，所以整个表达式的值为真“1”）。

2.2.4　逻辑运算符及其表达式

1. 逻辑运算符

C 语言提供 3 种逻辑运算符：&&(逻辑与)、||(逻辑或)、!(逻辑非)。

逻辑运算结果值的计算规则如下：

a&&b：若 a,b 都为真，则结果为真；

a||b：若 a 为真或者 b 为真，则结果为真；

!a：若 a 为真，则结果为假；若 a 为假，则结果为真。

注意：&&(逻辑与)和||(逻辑或)是双目（元）运算符，即要求有两个运算量，如(a>b)&&(c<d)，(a>b)||(x>y)。!(逻辑非)是单目（元）运算符，即只要求有一个运算量，如!(a>b)。

2. 逻辑运算符的优先级

逻辑运算符使用的优先次序为：!→&&→||。即逻辑非的优先级最高（见图 2.4）。

逻辑运算符中的“&&”和“||”的优质级低于关系运算符，而“!”的优质级高于算术运算符。例如，(a>b)&&(x>y)可写成 a>b&&x>y，(!a)<(x+y)可写成!a<x+y。

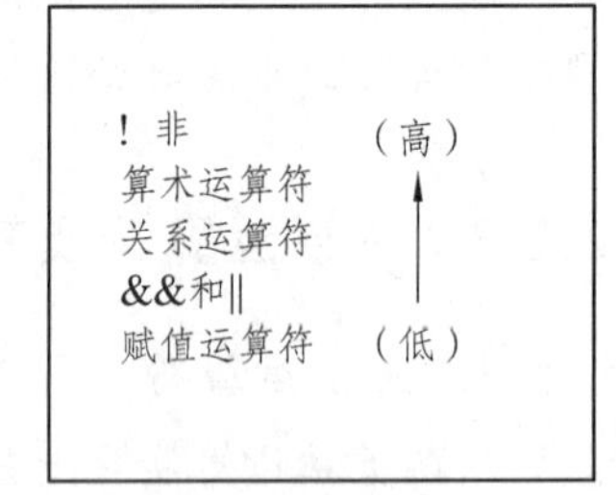

图 2.4　逻辑运算符的优先级

3. 逻辑运算符的表达式

用逻辑运算符将关系表达式或逻辑量连接起来的式子称为逻辑表达式。逻辑表达式的逻辑值是一个逻辑值，即“真”或者“假”。C 语言编译系统在给出逻辑运算结果时，以数值“1”代表“真”，以“0”代表“假”。但是，在判断一个数据是否为“真”时：如果其值为 0，则判定为“假”，如果其值为非 0，则判定为真。例如：

若 a=2，则!a 的值为 0。因为 a 的值为非 0，为“真”，再对它进行“非”运算，就为“假”，用 0 代表。

若 a=2,b=3,则 a&&b 的值为 1，因为 a,b 的值都为“真”，所以结果为真，即 1。!a||b 的值也为真。

在逻辑表达式求解中，并不是所有的逻辑运算符都执行。例如：a&&b&&c，如果 a 的结果为假，那么直接得出结果为假，根本不会再执行 b 和 c，只有在 a,b 均为真的情况下才会执行 c。同样，a||b||c，如果 a 为真，直接得出结果为真，不会再执行 b 和 c,只有 a,b 均为假的时候才执行 c。

2.2.5　条件运算符及其表达式

由条件运算符(?:)组成的表达式称为条件表达式。在 C 语言中，条件运算符是唯一的一个三目（元）运算符。条件运算符的形式为：

表达式 1？表达式 2：表达式 3

当表达式 1 的结果为真的时候，输出表达式 2，否则输出表达式 3。

例如：max=a>b?a:b，如果 a>b，那么 max 的结果为 a，否则结果为 b。

注意：

（1）条件运算符的优先级高于赋值运算符，低于关系运算符和算术运算符。

（2）条件运算符的结合方向为“从右至左”。例如：a>b?a:c<d?c:d 等价 a>b?a:(c<d?c:d)

条件表达式中，表达式 1、表达式 2、表达式 3 的类型可以不相同，最后输出结果为表达式中最高的类型。例如：

x>y?3.2:5，如果 x>y，则结果为 3.2，为实型；如果 x≤y，则结果为 5 为整型，但由于实型比整型类型高，所以将有 5 转换成实型 5.0。

2.2.6　逗号运算符及其表达式

在 C 语言中，逗号“,”的用法有两种：一种是用作分隔符，另一种是用作运算符。

在前面的程序中我们可以看到，在变量定义、函数调用等语句中，逗号是作为分隔符使用的。例如：

```
int a,b,c;
printf(“%d,%d,%d”,a,b,c);
```

逗号作为运算符使用时可以将两个或者两个以上的表达式连接起来，其形式为：

表达式 1，表达式 2，表达式 3，…，表达式 *n*

逗号表达式的求解过程是：从左至右，先求解表达式 1，再求解表达式 2，以此类推。整个表达式的值是最后一个表达式的值。例如，表达式“5*2，6+7”的值是 13。再比如，

```
a=5+3,a－2,a+10;
```

逗号表达式求值顺序为：先计算 5+3 并赋值给 a（结果是 a=8），再计算 a－2（只计算，不赋值），最后计算 a+10（只计算，不赋值），最终整个表达式的值为 18。请注意，逗号运算符的优先级是所有运算符中最低的，所以这里是先作赋值运算，再作逗号运算。

有时候使用逗号表达式的目的仅仅是为了得到各个表达式的值，而并非要得到整个逗号表达式的值。

2.2.7　位运算符及其表达式

C 语言中，所谓的位运算是指进行二进制位的运算。在系统软件中，常常需要处理二进制位的问题。

C 语言提供了 6 个位操作运算符，即：

&	按位与
|	按位或
^	按位异或
~	取反
<<	左移

\>>　　　　　右移

说明：

（1）位运算符中除～以外，均为二目（元）运算符，即要求位运算符两侧各有一个运算量。

（2）运算量只能是整型或字符型的数据，不能为实型数据。

1. “按位与”运算符（&）

“按位与”是指参加运算的两个数按二进制位进行“与”运算。如果两个相应的二进制位都为 1，则该位的结果值为 1，否则为 0，即：0&0=0;0&1=0;1&0=0;1&1=1。

例如：4&5 按位与的结果为：

```
  00000100
& 00000101
----------
  00000100
```

由此可知 4&5=4。

如果参加&的数是负数（如 – 4& – 5），则以补码形式表示为二进制数，然后按位进行运算。

“按位与”运算通常用来对某些位清 0 或保留某些位。若想对一个存储单元清零，那么可以找一个数与原来的数中为 1 的位刚好相反的数，然后使二者进行&运算，即可达到清零目的。例如把 a 的高八位清 0，保留低 8 位，可以 a&255 运算（255 的二进制数为 0000000011111111）。

2. “按位或”运算符（|）

“按位或”是指参加运算的两个数中，两个相应的二进制位中只要有一个为 1，该位的结果值为 1，即 0|0=0;0|1=1;1|0=1;1|1=1。

例如：11|5 按位或的结果为：

```
  00001011
| 00000101
----------
  00001111
```

由此可知 11|5=15。

“按位或”运算常用来对一个数据的某些位定值为 1。例如，如果想把 a 的低 4 位改为 1，则只需要将 a 与 15 进行 1 运算即可。

3. “按位异或”运算（^）

“按位异或”是指参加运算的两个数中，两个对应的二制位的数如果相异，该位的结果为 1，否则该位的结果为 0，即 0^0=0;0^1=1;1^0=1;1^1=0。

例如：13^6 按位异或的结果为：

```
  00001101
^ 00000110
----------
  00001011
```

按位异或主要用两个数的值交换，省去了定义新的变量，或者使特定的数翻转。

4. “取反”运算符（～）

“取反”（～）是单目（元）运算符，用于求整数的二进制反码，即分别将操作数各二进制位上的 1 变为 0，0 变为 1。

例如：～15 取反后结果为：

```
~00001111
---------
 11110000
```

由此可知～15=24。

～取反运算符的优先级比算术运算符、关系运算符、逻辑运算符和其他位运算符都高。例如：～a&b，先进行～a 运算，然后进行&运算。

5. 左移运算符（<<）

左移运算符用来将一个数的各二进制位左移若干位，移动的位数由右操作数指定（右操作数必须是非负值），其右边空出的位用 0 补齐，高位左移溢出则舍弃该高位。

例如：a=21，其对应的二进制数为 00010101。若 a=a<<2，则将 a 的二进制数左移 2 位。其结果为：01010100，即 a=84。

左移 1 位相当于该数乘以 2(2^1),左移 2 位相当于该数乘以 4(2^2)。上面的例子 21<<2=84，即将 21 乘以 4。但是，此结论只适用于该数左移时被溢出舍弃的高位中不包含 1 的情况。假设以 1 个字节（8 位）存一个整数，若 a 为无符号整型变量，则 a = 64 时，左移 1 位时溢出的是 0，而左移 2 位时，溢出的高位中包含 1，最终输出结果为 0。

6. 右移运算符（>>）

右移运算符是用来将一个数的各二进制位右移若干位，移动的位数由右操作数指定（右操作数必须是非负值），移到右端的低位被舍弃。对于无符号数，高位补 0；对于有符号数，高位补 0 还是补 1 取决于编译系统。高位移入 0 的称为“逻辑移位”，即简单移位；高位移入 1 的称为“算术移位”。例如：a 的值是八进制数 113755，则

a：　　　1001011111101101

a>>1：0100101111110110 (逻辑右移时)

a>>1：1100101111110110 (算术右移时)

在有些系统中，a>>1 得八进制数 045766，而在另一些系统上可能得到的是八进制数 145766。Turbo C 和其他一些 C 编译采用的是算术右移，即对有符号数右移时，如果符号位原来为 1，左面移入高位的是 1。

例 2.7　右移实例。

```
#include <stdio.h>
main()
{
    int a=0113755;
    printf("%d",a>>1);
}
```

2.3 数据类型的转换

在 C 语言中，整型、实型、字符型数据间可以混合运算，变量的数据类型也可以转换，如'a'+2+3.12，是合法的。

在运算时，不同类型的数据需要先转换成同一类型，然后进行运算。数据转换的方法有两种，一种是自动转换，另一种是强制转换。

2.3.1 自动转换

1. 自动转换

自动转换发生在不同类型数据混合运算时，由编译系统自动完成。在进行运算时，不同类型的数据需要先转换成同一类型，然后进行运算。一般情况下，数据类型的转换由低类型向高类型转换，如 short 转换为 int，如图 2.5 所示。

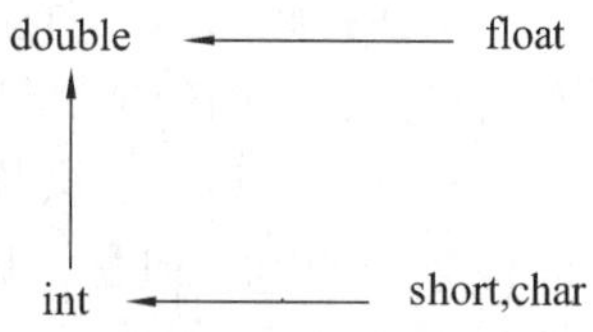

double ← float
↑
int ← short,char

图 2.5 自动转换

图 2.4 中，横向向左的箭头表示必定发生的转换。如果字符数据参与运算，则必定转换为整型；如果 float 数据参与运算，则必须转换为双精度型。例如：假设已经指定 i 为整型变量，f 为 float 变量，d 为 double 型变量，表达式为：

10+'a'+i*f – d/2

运算次序为：

（1）进行 i*f 运算，先将 i 和 f 转换成 double 型，运算结果为 double 型；

（2）进行 d/2 运算，将常量 2 转换成 double 型，d/2 为 double 型；

（3）进行 10+'a'运算，先将'a'转换成整数 97，再加 10，结果为整型 107；

（4）整数 107 与 i*f 的积相加，结果为 double 型；

（5）最后结果为 double 型。

2. 赋值转换

当赋值运算符两边的运算对象类型不同时，将要发生类型转换，转换的规则是：把赋值运算符右侧表达式的类型转换为左侧变量的类型。具体的转换如下：

（1）float 型与 int 型。

如果将一个实型数据赋值给一个整型变量，那么将舍弃实型数据的小数部分。例如，将 2.12 赋值给整型变量 i，结果为 2。将整型值赋给实型变量时，数值不变，只将其形式改为浮点形式，即小数点后带若干个 0。

（2）double 型与 float 型。

将一个 double 型数据赋给 float 型变量时，截取其前面 7 位有效数字，存放在 float 型变量存储单元中；

（3）int 型与 char 型。

将一个 int 型数据赋给 char 型变量时，只将其低 8 位传送到 char 型变量，高位部分舍弃，这可能会得到一个完全不一样的结果，所以不提倡这种做法。将 char 型数值赋给 int 型变量时，一些编译程序不管其值大小都作正数处理，而另一些编译程序在转换时，若 char 型数据值大于 127，就作为负数处理。

（4）int 型与 long 型。

long 型数据赋给 int 型变量时，将低 16 位值传送给 int 型变量，而将高 16 位截断舍弃。将 int 型数据送给 long 型变量时，其外部值保持不变，而内部形式有所改变。

2.3.2　强制转换

正常情况下，不同类型的数据在一起进行运算时，系统会自动完成。但是，有时我们为了得到某一特定的结果，可以通过强制类型转换达到目的。强制类型转换的一般形式为：

(类型说明符)(表达式)

其功能是把表达式的运算结果强制转换成类型说明符所表示的类型。例如：(float)a 把 a 强制转换为实型，(int)(x+y)把 x+y 的结果强制转换为整型。在使用强制转换时应注意以下问题：

（1）类型说明符和表达式都必须加括号（单个变量可以不加括号），如把(int)(x+y)写成(int)x+y 则成了把 x 转换成 int 型之后再与 y 相加了。

（2）无论是强制转换或是自动转换，都只是为了本次运算的需要而对变量的数据长度进行的临时性转换，而不改变数据说明时对该变量定义的类型。

例 2.8　强制类型转换。

```
main()
{
  float f=5.75;
  printf("(int)f=%d,f=%f\n",(int)f,f);
}
```

结果为：

(int)f=5,f=5.750000

这里表示，第一个 f 变量在输出时，将 float f 强制转换成 int f，第二个 f 变量原样输出。本例表明，f 虽然被强制转换为 int 型，但只在运算中起作用，这一转换是临时的，而 f 本身的类型并不改变。因此，(int)f 的值为 5(删去了小数)，而 f 的值仍为 5.75。

2.4　C 语言程序实例

2.4.1　实训 1：任意一个整数的进制转换

项目内容：从键盘输入任意一个十进制整数，输出该数的八进制、十六进制。

分析过程：

（1）要从键盘得到一个数字，首先需要输入函数，思考一下什么函数可以从键盘得到数据；

（2）输入的数字需要放在一个变量中。

下面给出完整的源程序：

```
#include <stdio.h>
main()
{
   int a;
   scanf("%d",&a);
   printf("O=%o,X=%x",a,a);
}
```

思考一下，用 scanf()输入字符时，有哪些规则？用输入函数 getchar()和输出函数 putchar()结果怎样？

2.4.2 实训 2：电报的编码和译码

项目内容：从键盘输入任意两个字母，然后按 ASCII 码表顺序输出其后面的第 5 个字母（如输入 a，就应该输出 f，以此类推）。

分析过程：

（1）定义 1 个变量；

（2）输出其后的第 5 个字母可以用赋值的方法。

下面给出完整的源程序：

```
#include <stdio.h>
main()
{
   char c1,c2;
   scanf("%c%c",&c1,&c2);
   c1+=5;
   c2+=5;
   printf("\n This password is:%c%c",c1,c2);}
```

电报的本意就是要使无关的人看不出电报的真实内容，那么将输入的字符改变输出方式就可以达到目的。请思考如果输入小写字母，如何得到输出对应的大写字母的结果？

下面给出完整的源程序：

```
#include <stdio.h>
main()
{
   char min,max;
   min=getchar();
   max=min - 32;
   putchar(max);
}
```

试一下用 scanf()和 printf()改写上面的程序代码。

2.4.3　实训 3：输出类型的灵活使用

项目内容：若 a=2,b=3,c=4,x=2.1,y=－3.2,z=4.3,u=56789,n=973210,c1='d',c2='e'，如果要得到下面的结果，应该怎么写程序？

```
a=2   b=3   c=4
x=2.1000,y=－3.2000,z=4.3000
a+x=4.10   b+y=－0.20   c+z=8.30
u=   56789,n=   973210
c1='d'or   100(ASCII)
c2='e'or   101(ASCII)
```

分析过程：要控制输出数据的宽度，可以灵活使用数据类型和格式控制符。

下面给出完整的源程序：

```
main()
{
   int a,b,c;
   long int u,n;
   float x,y,z;
   char c1,c2;
   a=2;b=3;c=4;
   x=2.1;y=－3.2;z=4.3;
   u=56789;n=973210;
   c1='d';c2='e';
   printf("\n");
   printf("a=%d   b=%2d      c=%2d\n",a,b,c);
   printf("x=%6.4f,y=%6.4f,z=%6.4f\n",x,y,z);
   printf("a+x=%4.2f   b+y=%4.2f   c+z=%4.2f\n",a+x,b+y,c+z);
   printf("u=%7ld,n=%8ld\n",u,n);
   printf("c1='%c'or %d(ASCII)\n",c1,c1);
   printf("c2='%c'or %d(ASCII)\n",c2,c2);
}
```

2.5　习　题

参考答案

一、选择题

1. 下列选项中，不能用作标识符的是（　　）。

（A）_1234_ （B）_1_2 （C）int_2_ （D）2_int_

2. 数据的书写格式决定了数据的类型和值，0x1011 是（ ）。

（A）8 进制整型常量 （B）字符常量

（C）16 进制整型常数 （D）2 进制整型常数

3. 以下 4 组用户定义标识符中，全部合法的一组是（ ）。

（A）_total clu_1 sum （B）if －max turb

（C）txt REAL 3COM （D）int k_2 _001

4.（ ）是合法的用户自定义标识符。

（A）b－b （B）float （C）123a （D）_isw

5、以下选项中不正确的整型常量是（ ）。

（A）12L（B）－10 （C）1.900 （D）123U

6. 设 int x=3,y=4,z=5，则下列表达式中的值为 0 的是 （ ）。

（A）'x'&&'y' （B）x||y+z&&y－z （C）x<=y （D）!((x<y)&&!z||1)

7. 表达式!(x>0||y>0) 等价于（ ）。

（A）!x>0||!y>0 （B）!(x>0)||!(y>0)

（C）!x>0&&!y>0 （D）!(x>0)&&!(y>0)

8. 若变量已正确定义并赋值，表达式（ ）不符合 C 语言语法。

（A）4&&3 （B）+a （C）a=b=5 （D）int(3）

9. C 语句“x*=y+2;”还可以写作（ ）。

（A）x=x*y+2; （B）x=2+y*x; （C）x=x*(y+2); （D）x=y+2*x;

10. 下列格式符中，可以用于以 8 进制形式输出整数的是（ ）。

（A）%d （B）%o （C）%ld （D）%x

11. 下列变量定义中合法的是（ ）。

（A）short_a=1－.le－1;

（B）doubleb=1+5e2.5;

（C）longdo=0xfdaL;

（D）float2_and=1－e－3;

12. 下面说法中正确的是（ ）。

（A）int 型和 long 型运算先将 int 型转换成 unsigned 型,再转换

（B）两个 float 型运算结果为 double 型

（C）只要表达式中存在 double 型,所有其他类型数据都必须转

（D）表达式中的类型转换与运算顺序有关

13. 以下不正确的叙述是（ ）。

（A）在 C 程序中，逗号运算符的优先级最低

（B）在 C 程序中，APH 和 aph 是两个不同的变量

（C）若 a 和 b 类型相同，在计算了赋值表达式 a=b 后 b 中的值将放入 a 中，而 b 中的值不变

（D）当从键盘输入数据时，对于整型变量只能输入整型数值，对于实型变量只能输入实型数值

14. 以下说法中正确的是（　　）。

（A）#define 和 printf 都是 C 语句

（B）#define 是 C 语句，而 printf 不是

（C）printf 是 C 语句，但#define 不是

（D）#define 和 printf 都不是 C 语句

15. 下列程序执行后的输出结果是（　　）（小数点后只写一位）。

```
main()
{
   double d; float f; long l; int i;
   i=f=l=d=20/3;
   printf("%d %ld %f %f \n",i,l,f,d);
}
```

（A）6　6　6.0　6.0　　（B）6　6　6.7　6.7

（C）6　6　6.0　6.7　　（D）6　6　6.7　6.0

二、填空题

1. 若有语句“float x=2.5;”，则有表达式“(int)x,x+1”的值是____。

2. 设 a 和 b 均为 double 型常量，且 a=5.5、b=2.5，则表达式(int)a+b/b 的值是_______。

3. 执行语句组“int j=2,m=2;m+=(j++)+(++j)+(j++);”后，m 的值是________。

4. 下列语句的输出结果是_________。

```
long a=0xffff;
int b=a;
printf( "%d" ,b);
```

5. 设有以下变量定义，并已赋确定的值

```
char w;int x;float y;double z;
```

则表达式：w*x+z – y 所求得的数据类型为_______。

第 3 章　C 语言程序设计的三种基本结构

学习要求： 掌握 C 语言程序的三种基本结构，重点掌握选择结构程序设计和循环结构程序设计方法。

主要内容： 顺序结构、选择结构和循环结构是 C 语言程序设计的三种基本结构。本章重点介绍了选择结构程序设计语句（if 语句和 switch 语句）以及循环结构的程序设计语句（while 语句、do…while 语句和 for 语句等）。

本章源代码

3.1　顺序结构程序设计

3.1.1　C 语言的语句

C 语言是利用函数中的可执行语句向计算机系统发出操作命令的。C 语言的语句分为控制语句、函数调用语句、表达式语句、空语句和复合语句 5 类。

1. 控制语句

控制语句用于控制程序的流程，以实现程序的各种结构方式。控制语句由特定的语句定义符组成。C 语言有 9 种控制语句，分成三类：

（1）选择结构控制语句：if 语句、switch 语句。

（2）循环结构控制语句：while 语句、do…while 语句、for 语句。

（3）其他控制语句：goto 语句、break 语句、continue 语句、return 语句。

2. 函数调用语句

函数调用语句由函数名、实际参数加一个分号“;”构成。

例如：printf("welcome to China!");

3. 表达式语句

表达式语句由表达式加上分号“;”组成。例如：“x=0”是赋值表达式，而“x=0;”是一个赋值语句。

4. 空语句

空语句仅由分号构成，表示什么操作都不执行。有时在程序中空语句用来做一些特殊的控制，如空循环体等。例如：

```
while(getchar()!='\n')
        ;
```

上述语句表示只要从键盘输入的字符不是回车则重新输入，这里的循环体为空语句。

5. 复合语句

在 C 语言中，所谓复合语句是指用“{”和“}”括起来的若干语句。复合语句是一个整体，可以将其看成是单条语句例如：

```
{t=a;
a=b;
b=t;}
```

上述语句是一条复合语句。

注意： 复合语句可以嵌套，即复合语句也可以出现在复合语句中。

3.1.2 C 语言程序的三种基本结构

C 语言是一种结构化的程序设计语言。从程序流程来看，C 程序可以分为三种基本结构：顺序结构、选择结构和循环结构。

1. 顺序结构

所谓顺序结构是指程序的流程由上而下，没有任何分支，顺序地执行语句的程序结构，它是最简单的一种结构。顺序结构的流程图如图 3.1 所示，意思是按程序的书写顺序，依次执行 A 段程序和 B 段程序。

图 3.1 是顺序结构传统流程图，传统流程图主要由如图 3.2 所示的图形组成。

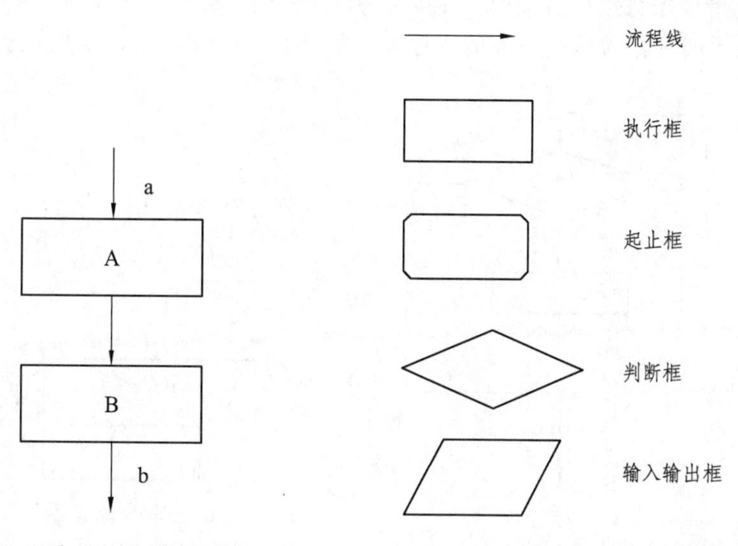

图 3.1　顺序结构传统流程图　　**图 3.2　传统流程图组成图形**

如图 3.3 所示是一种新型的流程图——N－S 流程图。N－S 流程图完全省去了带箭头的流程线，约定为自上而下的程序走向。

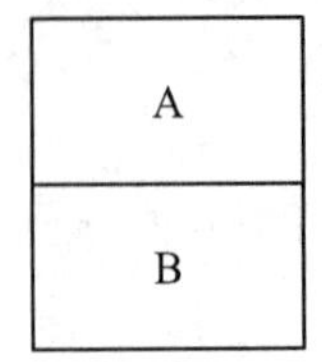

图 3.3 顺序结构 N－S 流程图

2. 选择结构

选择结构又称为分支结构。程序在执行时根据判断条件决定程序走哪条分支。选择结构的流程图如图 3.4 所示。

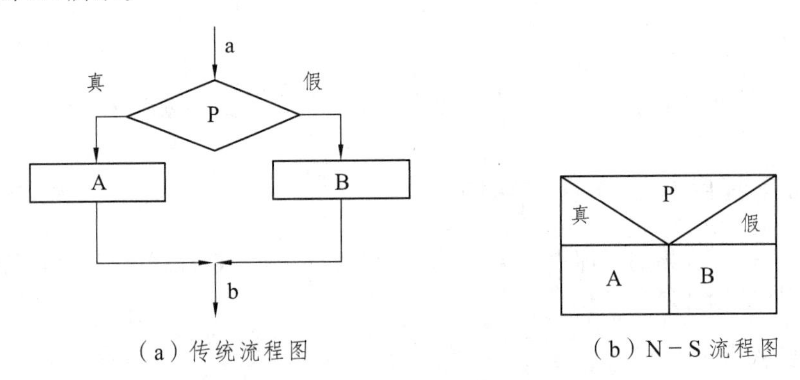

（a）传统流程图　（b）N－S 流程图

图 3.4 选择结构的流程图

选择结构就是根据给定的条件 P 进行判断，由判断结果来确定执行 A 分支还是 B 分支。

3. 循环结构

循环结构是指程序在执行过程中，当满足某种条件时，反复执行满足条件的那部分程序，直到条件不再满足时才接着执行下面的程序段。循环结构的流程图如图 3.5 所示。

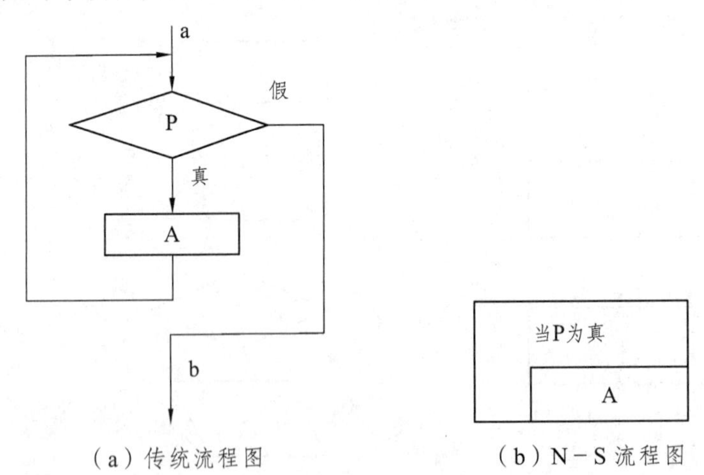

（a）传统流程图　（b）N－S 流程图

图 3.5 循环结构流程图

从以上 3 种结构的流程图可以看出，3 种基本结构有以下共同特点：

（1）程序只有一个入口。

（2）程序只有一个出口。

（3）程序结构内的每一部分都有机会被执行。

（4）程序结构内不存在死循环。

3.2　选择结构程序设计

顺序结构是顺序执行每个程序语句，直到程序结束。而选择结构能使程序根据当前情况选择不同的操作。

用 C 语言设计选择结构程序，要考虑两个方面的问题：一是如何表示条件；二是用什么语句实现选择结构。

3.2.1　if 语句

if 语句是实现选择结构的语句之一，即对某件事进行逻辑判断。

if 语句根据给定的条件进行判断，以决定执行某个分支程序段。C 语言的 if 语句有以下几种基本形式。

用法 1:

```
if(表达式)
    语句
```

语句的执行过程是：

（1）计算表达式的值。

（2）如果表达式的值为非 0，则执行它所包含的语句或复合语句后结束 if 语句；否则，立即结束 if 语句。if 语句结束后，顺序执行下面的语句。执行过程如图 3.6 所示。

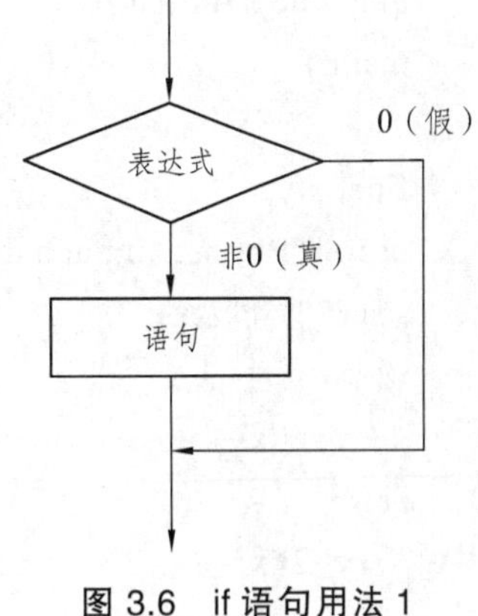

图 3.6　if 语句用法 1

例如：

```
if(x>y)
    printf("%d",x);
```

此语句中，只有当 x>y 时，才输出 x 的值。

例 3.1　输入一个数据，如果值为非负，则输出其平方根。

```
#include <stdio.h>
#include <math.h>
main()
{ float x,y;
  printf("Please   input a data:");
   scanf("%f",&x);
   if (x>=0)
     y=sqrt(x);
   printf("%.2f",y);
```

```
}
```

用法 2：

```
if(表达式)
    语句 1
else
    语句 2
```

语句执行的过程：

（1）计算表达式的值。

（2）如果表达式的值为非 0，则执行语句 1，语句 2 跳过；如果表达式的值为 0，则语句 1 跳过，执行语句 2。if 语句结束后，顺序执行下面的语句。执行过程如图 3.7 所示。

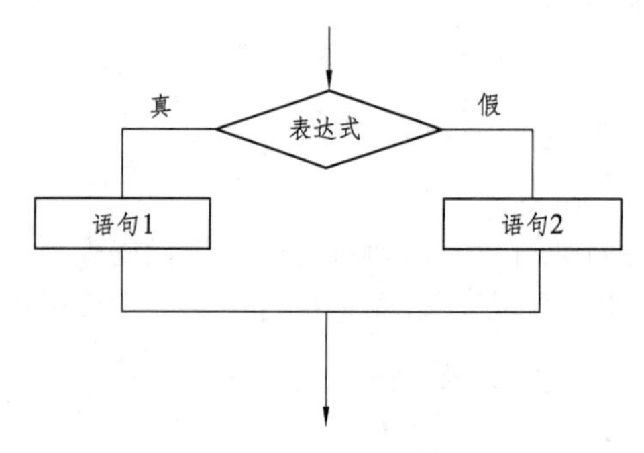

图 3.7　if 语句用法 2

例 3.2　输入一个实数 x，根据如下函数式，计算 y 的值。

$$y=\begin{cases}x^2 & x>0\\ 2x-1 & x\leqslant 0\end{cases}$$

```
#include <stdio.h>
main()
{
float x,y;
printf("Please   input a data:");
scanf("%f",&x);
if(x>0)
    y=x*x;
 else
    y=2*x - 1;
 printf("%.2f",y);
}
```

注意：无论表达式的值为非 0 或为 0，程序将只执行语句 1 或语句 2 中的一个，不会两个都执行。else 子句，作为 if 语句的一部分。不能单独作为语句使用，必须与 if 配对使用。

用法 3：多分支结构

当 if…else 语句中的语句 2 是另一条 if 语句时，就构成了多分支 if 语句，一般形式为：

```
if(表达式 1)
  语句 1
else  if(表达式 2)
   语句 2
     else  if(表达式 3)
   语句 3
   …
          else  if(表达式 n)
   语句 n
                else
语句 n+1
```

语句的执行过程：计算表达式 1 的值，如果表达式 1 的值为非 0，执行语句 1，否则计算表达式 2 的值；若表达式 2 的值为非 0，则执行语句 2，否则计算表达式 3 的值；若表达式 3 的值为非 0，则执行语句 3；…若表达式 n 的值为非 0，则执行语句 n，所有表达式的值都是 0 时，执行语句 n+1。执行过程如图 3.8 所示。

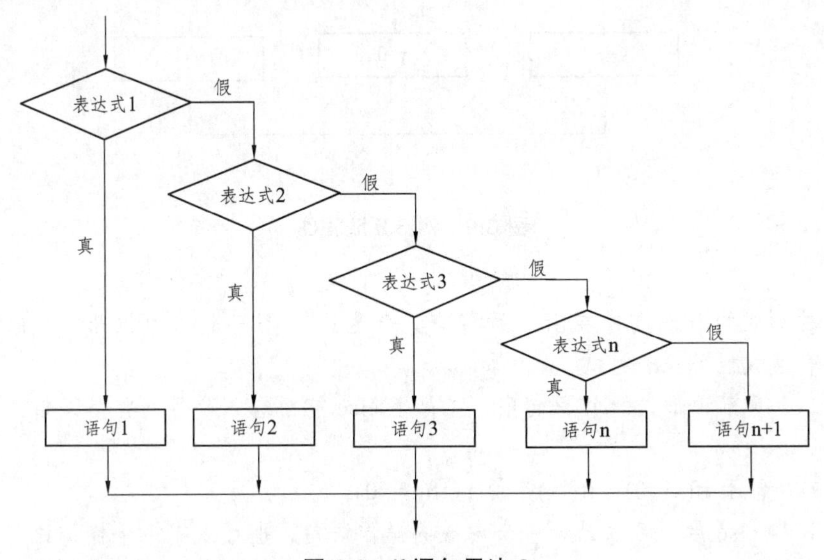

图 3.8　if 语句用法 3

例 3.3　根据条件求 y 的值。

$$y=\begin{cases}-1 & x<0\\ 0 & x=0\\ 1 & x>0\end{cases}$$

```
#include <stdio.h>
main()
{
  float x,y;
  printf("Please input a data:");
```

```
   scanf("%f",&x);
   if(x<0)
       y= - 1;
   else if(x==0)
       y=0;
         else
       y=1;
   printf("%.2f", y);
}
```

流程图如图 3.9 所示。

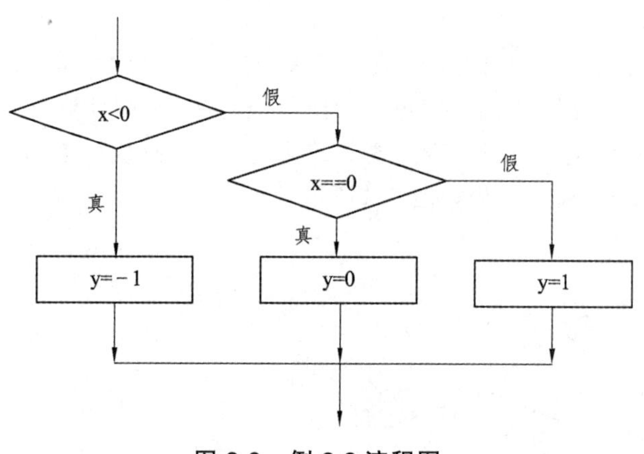

图 3.9　例 3.3 流程图

说明：

（1）三种形式的 if 语句中在 if 后面都有“表达式”，该表达式可以是任意的数值类型，一般为逻辑表达式或关系表达式。

（2）第二、第三种形式的 if 语句中，在每个 else 前面有一分号，整个语句结束处有一个分号。

（3）if(x)等价于 if(x!=0)；if(!x)等价于 if(x==0)。

（4）在 if 和 else 后面可以只含一个内嵌的操作语句，也可以有多个操作语句，此时用花括号“{}”将几个语句括起来成为一个复合语句。例如：

```
if(a>0)
{s=s+a;
a - - ;}
```

（5）缺省{}时，else 总是和它上面离它最近的未配对的 if 配对。

用法 4：if 语句的嵌套

在 if 语句中又包含一个或多个 if 语句称为 if 语句的嵌套。

格式：

```
if(条件 1)
    if(条件 2)
```

```
        语句 1
    else
        语句 2
else if(条件 3)
        语句 3
    else
        语句 4
```

当条件 1 成立且条件 2 也成立时，执行语句 1；若只有条件 1 成立而条件 2 不成立，则执行语句 2；若条件 1 不成立，则判断条件 3，若条件 3 成立，执行语句 3，否则执行语句 4。

例 3.4　将例 3.3 的流程图修改为如图 3.10 所示，请修改程序源码。

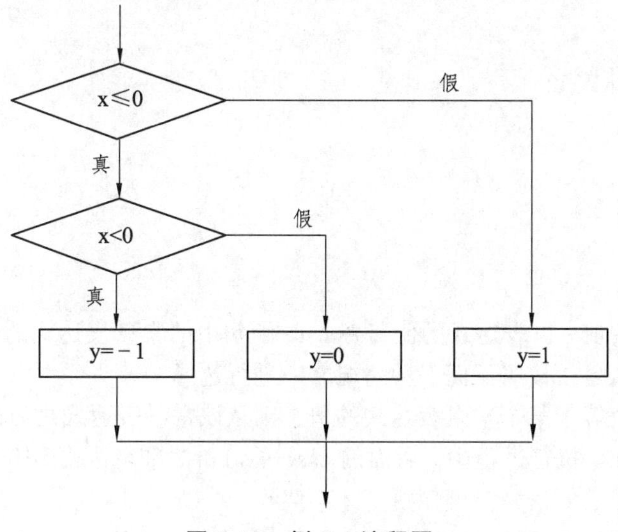

图 3.10　例 3.4 流程图

```
#include <stdio.h>
main()
{
float x,y;
printf("Please input a data:");
scanf("%f",&x);
if(x<=0)
    if(x<0)
        y=－1;
    else
        y=0;
 else
     y=1;
printf("%.2f",y);
}
```

3.2.2 switch 语句

在解决实际问题时，经常会遇到多路分支问题，即对变量或表达式的每一个可能的值做相应的操作。当然，这可以用嵌套的 if 语句实现，但如果分支太多，嵌套的层次就会越多，导致程序冗长且可读性降低。switch 语句是多分支选择语句，可以直接处理多分支选择。

switch 语句的一般格式:

```
switch(表达式)
{ case 常量表达式 1:
      语句 1;
  case 常量表达式 2:
      语句 2;
        …
  case 常量表达式 n:
       语句 n;
  [default:
       语句 n+1;]
}
```

执行过程:

先计算表达式的值，以表达式的值与各 case 子句中的常量表达式的值比较，以比较的结果确定程序执行的入口，按照下面三种情况之一进行选择:

（1）表达式的值等于某个常量表达式的值，则从该常量表达式之后的语句开始执行，并顺序执行后面的语句。执行过程中，后面的 case 子句和常量表达式不阻碍执行的进程，只有当遇到 break 语句或 goto 语句时顺序执行才会终止。

（2）如果没有能匹配的常量表达式，有 default 子句，就从 default 后的语句开始执行。

（3）如果没有能匹配的常量表达式，也没有 default 子句，则 switch 语句的这次执行立即结束。

例 3.5 要求输入一个数字，并输出一个对应的星期几的单词（如 6 对应 Saturday，7 对应 Sunday）。

```
#include <stdio.h>
main()
{
 int a;
 printf("input integer number: ");
 scanf("%d",&a);
 switch (a)
{
 case 1:printf("Monday\n");
 case 2:printf("Tuesday\n");
 case 3:printf("Wednesday\n");
```

```
case 4:printf("Thursday\n");
case 5:printf("Friday\n");
case 6:printf("Saturday\n");
case 7:printf("Sunday\n");
default:printf("error\n");
}
}
```

本程序是要求输入一个数字，输出一个英文单词。但是当输入2之后，却执行了case 2及以后的所有语句，即输出：

```
Tuesday
Wednesday
Thursday
Friday
Saturday
Sunday
error
```

为什么会出现这种情况呢？这恰恰反映了switch语句的一个特点。在switch语句中，“case常量表达式”只相当于一个语句标号，表达式的值和某标号相等则转向该标号执行，但不能在执行完该标号的语句后自动跳出整个switch语句，所以出现了继续执行所有后面case语句的情况。这与前面介绍的if语句完全不同，应特别注意。为了避免上述情况，应该在执行一个case分支后，使流程跳出switch结构，即终止switch语句的执行。可以用一个break语句来达到此目的。

修改该程序，在每一个case语句之后增加break语句，使每一次执行之后均可跳出switch语句，从而避免输出不应有的结果。

```
#include <stdio.h>
main()
{
 int a;
 printf(" Please input integer number: ");
 scanf("%d",&a);
 switch (a)
{
 case 1:printf("Monday\n");break;
 case 2:printf("Tuesday\n"); break;
 case 3:printf("Wednesday\n");break;
 case 4:printf("Thursday\n");break;
 case 5:printf("Friday\n");break;
 case 6:printf("Saturday\n");break;
 case 7:printf("Sunday\n");break;
```

```
 default:printf("error\n");
 }
}
```

说明：

（1）switch 后面括号内的表达式的类型只限于整型、字符型或枚举型。

（2）在 case 后的各常量表达式的值必须互不相同，否则就会出现互相矛盾的现象（即对表达式的同一个值，有两种或多种执行方案）。

（3）case 后可包含多个可执行语句，且不必加{ }，也可以没有语句。

（4）default 子句可以省略，若不省略，至多出现一次。

（5）各个 case 和 default 的出现次序不影响执行结果。例如，可以先出现“default:…”，再出现“case　常量表达式 2：…”，然后是“case　常量表达式 1：…”。习惯上总是将 default 子句写在所有 case 子句之后。

（6）多个 case 可共用一组执行语句。例如：

```
switch(grade)
{
case 'A':
case 'B':
case 'C':
printf("score>60\n");
…
}
```

当变量 grade 的值为’A’’B’或’C’时，输出结果都是 score>60。

例 3.6　计算器程序。用户输入运算数和四则运算符，输出计算结果。

```
#include <stdio.h>
main()
{
 float a,b;
 char c;
 printf("input expression: a+( – ,*,/)b \n");
 scanf("%f%c%f",&a,&c,&b);
 switch(c)
{
 case '+': printf("%f\n",a+b);break;
 case ' – ': printf("%f\n",a – b);break;
 case '*': printf("%f\n",a*b);break;
 case '/': printf("%f\n",a/b);break;
 default: printf("input error\n");
 }
}
```

本例可用于四则运算求值。switch 语句用于判断运算符，然后输出运算值，当输入运算符不是+, - ,*,/时给出错误提示。

3.3　循环结构程序设计

循环结构是结构化程序设计的三种基本结构之一，它与顺序结构、选择结构一起共同作为各种复杂程序的基本构造单元。循环结构是指在一定的条件下重复执行某些操作，被重复执行的那组语句称为循环体。

在 C 语言中，用来实现循环结构的语句有 while 语句，do…while 语句和 for 语句。if 语句和 goto 语句连用也可以构成循环，但不提倡使用。

循环结构的学习重点是掌握如何设置循环控制条件、如何构造循环体、循环的初始化等。

3.3.1　while 语句

while 语句的一般形式：

```
while(表达式)
    语句
```

其中，“表达式”是循环条件，“语句”是循环体（即需要反复多次执行的重复操作）。循环体既可以是一个简单语句，也可以是复合语句。

执行过程：首先计算表达式的值，如果表达式的值为非 0（真），则执行循环体语句。重复上述操作，直到表达式的值为 0（假）时结束循环。其流程图如图 3.11 所示

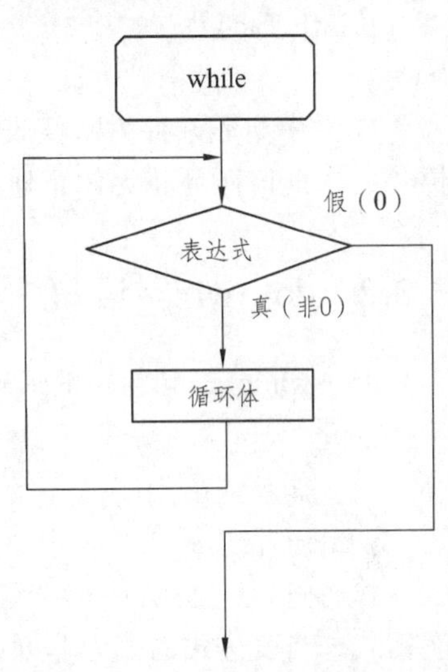

图 3.11　while 语句的执行过程

while 语句的特点是先判断表达式，后执行语句。

例 3.7　使用 while 语句求 1+2+3+…+100 的值。

```
#include <stdio.h>
main()
{int i=1,sum=0;
 while(i<=100)
 {sum=sum+i;
i++;
}
printf("%d",sum);
}
```

运行结果：

5050

注意：

（1）循环体如果包含一个以上的语句，应该用花括号括起来，以复合语句形式出现。如

果不加花括号，则 while 语句的范围只到 while 后面第一个分号处。例如，本例中 while 语句中如无花括号，则 while 语句范围只到“sum=sum+i;”。

（2）在循环体中应存在使循环结束的语句。例如，在本例中循环结束的条件是“i>100”，因此在循环体中应该存在使 i 值增加从而最终导致 i>100 成立的语句，本例中用“i++;”语句来达到目的。如果无此语句，则 i 的值始终不改变，循环永不结束。

（3）应注意循环条件的选择，以避免死循环。例如：

```
#include <stdio.h>
main()
{int i=1,s=0;
while(i=2)
{s=s+i;
 i++;}
printf("%d",i);
}
```

本例中循环条件为赋值表达式 i=2，其值永远为真，而循环体中又没有其他中止循环的语句，因此该循环将无休止地进行下去，形成死循环。

3.3.2　do…while 语句

do…while 语句的一般形式：

```
do
      循环体语句
while（表达式）;
```

执行过程：先执行一次指定的循环体语句，然后判断表达式，当表达式的值为非 0（真）时，返回重新执行循环体语句，如此反复，直到表达式的值为 0（假）时为止，此时循环结束。其流程图如图 3.12 所示。

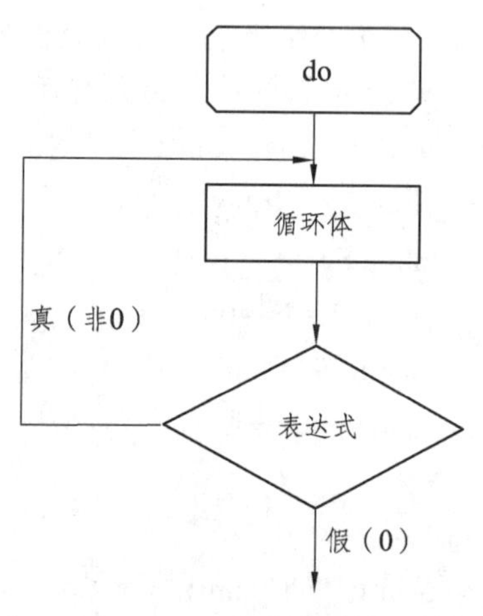

图 3.12　do…while 语句的执行过程

do…while 语句的特点是先执行循环体，然后判断循环条件是否成立。

例 3.8　使用 do…while 语句求 1+2+3+…+100 的值。

```
#include <stdio.h>
main()
{int   i=1,sum=0;
do
{sum=sum+i;
 i++;
}while(i<=100);
printf("%d",sum);
}
```

运行结果：

5050

注意：

（1）当 do…while 语句的循环体由多个语句组成时，也必须用花括号括起来组成一个复合语句。

（2）do…while 和 while 语句相互替换时，注意修改循环控制条件。

（3）在 if 语句和 while 语句中，表达式后面都不能加分号；而在 do…while 语句的表达式后面则必须加分号。

（4）在一般情况下，用 while 语句和用 do…while 语句处理同一问题时，若二者的循环体部分是一样的，它们的结果也一样。但是，如果 while 后面的表达式一开始就为假即 0 时，两种循环的结果是不同的。

3.3.3　for 语句

C 语言中的 for 语句使用最为灵活，它不仅可以用于循环次数已确定的情况，也可以用于循环次数不确定且只给出循环结束条件的情况。for 语句完全可以代替 while 语句。

for 语句的一般形式：

for（表达式 1；表达式 2；表达式 3）

　　语句

它的执行过程如图 3.13 所示，具体执行步骤如下：

（1）先求解表达式 1；

（2）求解表达式 2，若其值为真（非 0），则执行 for 语句中指定的内嵌语句，然后执行下面第（3）步；若其值为假（0），则结束循环，转到第（5）步；

（3）求解表达式 3；

（4）转回上面第（2）步继续执行；

（5）循环结束，执行 for 语句下面的一个语句。

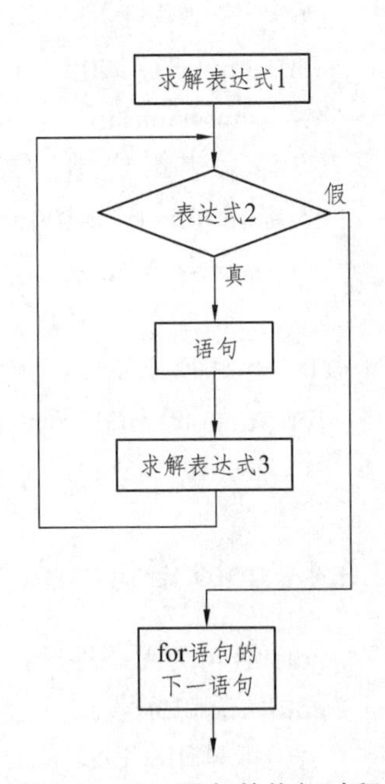

图 3.13　for 语句的执行过程

for 语句最简单的应用形式也就是最易理解的如下形式：

for(循环变量赋初值；循环条件；循环变量增值)

　　语句

例 3.9　使用 for 语句求 1+2+3+4…+100 的值。

```
#include <stdio.h>
main()
{int i,s=0;
 for(i=1;i<=100;i++)
     s=s+i;
 printf("%d",s);
}
```

运行结果：

5050

说明：

（1）for 循环中的“表达式 1（循环变量赋初值）”“表达式 2（循环条件）”和“表达式 3（循环变量增量）”都是选择项（即可以缺省），但“;”不能缺省。

（2）如果省略“表达式 1（循环变量赋初值）”，则表示不对循环控制变量赋初值。

（3）如果省略“表达式 2（循环条件）”，则不做其他处理时会形成死循环。

（4）如果省略“表达式 3（循环变量增量）”，则不对循环控制变量进行操作,这时可在语句体中加入修改循环控制变量的语句。例如

```
for(i=1;i<=100;)
{sum=sum+i;
 i++;}
```

（5）可以同时省略“表达式 1（循环变量赋初值）”和“表达式 3（循环变量增量）”。例如：

```
for(;i<=100;)
{sum=sum+i;
 i++;}
while(i<=100)
{sum=sum+i; i++;}
```

（6）“表达式 1”可以是设置循环变量初值的赋值表达式，也可以是其他表达式。例如：

```
for(sum=0;i<=100;i++)
     sum=sum+i;
```

（7）“表达式 1”和“表达式 3”可以是一个简单表达式，也可以是逗号表达式。

```
for(sum=0,i=1;i<=100;i++)
     sum=sum+i;
```

（8）“表达式 2”可以是任何类型的表达式，一般是关系表达式或逻辑表达式，只要其值为非 0，就执行循环体。例如：

```
for(;(c=getchar())!='\n';)
     printf("%c",c);
```

3.3.4 goto 语句

goto 语句为无条件转向语句，它的一般形式为：

goto　语句标号；

语句标号用标识符表示，它的命名规则与变量名相同（即由字母、数字和下画线组成），其第一个字符必须为字母或下画线。不能用整数来做标号，如“goto 123;”是不合法的。

结构化程序设计方法主张限制使用 goto 语句，因为滥用 goto 语句将使程序流程无规律、可读性差。但也不是绝对禁止使用 goto 语句。一般来说，可以有两种用途：

（1）与 if 语句一起构成循环结构语句。

（2）使程序从循环体中跳出到循环体外。但是，由于 C 语言中可以用 break 语句和 continue 语句跳出本层循环或结束本次循环，因此 goto 语句的使用机会已大大减少，只是需

要从多层循环的内层循环跳到外层循环时才用到 goto 语句。但是，这种用法不符合结构化原则，一般不建议采用，只有在不得已时才使用。

例 3.10　使用 goto 语句求 1+2+3+…+100 的值。

```
#include <stdio.h>
main()
{int i=1,sum=0;
loop:if(i<=100)   /*loop 是标号，不需要定义*/
{sum=sum+i;
i++;
goto loop;   /*无条件返回到标号 loop 处构成循环*/
}
printf("%d",sum);
}
```

运行结果：

5050

3.3.5　几种循环的比较

（1）前文介绍的四种循环语句都可以用来处理同一问题，一般情况下它们可以互相代替。但一般不提倡用 goto 型循环。

（2）对于 while 和 do…while 型循环，只在 while 后面指定循环条件，在循环体中应包含使循环结束的语句（如 i++，i=i+1 等）。

（3）用 while 和 do…while 循环时，循环变量初始化的操作应在 while 和 do…while 语句之前完成；而 for 循环则可以在表达式 1 中实现循环变量的初始化。

（4）while 循环、do…while 循环和 for 循环，都可以用 break 语句跳出循环，用 continue 语句结束本次循环；而对采用 goto 语句和 if 语句构成的循环，不能用 break 语句和 continue 语句对循环进行控制。

3.3.6　beak 和 continue 语句

1. break 语句

break 语句的一般形式:

break;

break 语句只能用在循环体语句和多分支选择结构 switch 语句中：当用于 switch 语句中时，可使程序跳出 switch 语句下面的一个语句；当用于循环体语句中时，可以使程序从循环体内跳出，从而提前结束循环。

注意：

break 语句不能用于循环体语句和 switch 语句之外的其他任何语句中。

2. continue 语句

continue 语句的一般形式：

continue;

continue 语句的作用是结束本次循环，即跳过循环体中下面尚未执行的语句，接着判断下一次循环是否执行。

break 语句和 continue 语句的区别：

（1）continue 语句只能用于循环体语句中；而 break 语句既可以用于循环体语句中，又可以用于多分支选择结构 switch 语句中。

（2）break 语句结束整个循环过程，不再判断执行循环的条件是否成立。continue 语句仅结束本次循环，而不终止整个循环的执行。

下面以两个 while；而循环的程序案例举例说明 break 语句和 continue 语句的区别。

程序①

```
while(表达式 1)
{ …
  if(表达式 2)
      break;
  …
}
```

程序②

```
while(表达式 1)
{ …
  if(表达式 2)
      continue;
  …
}
```

程序①和程序②的流程图如图 3.14 所示。

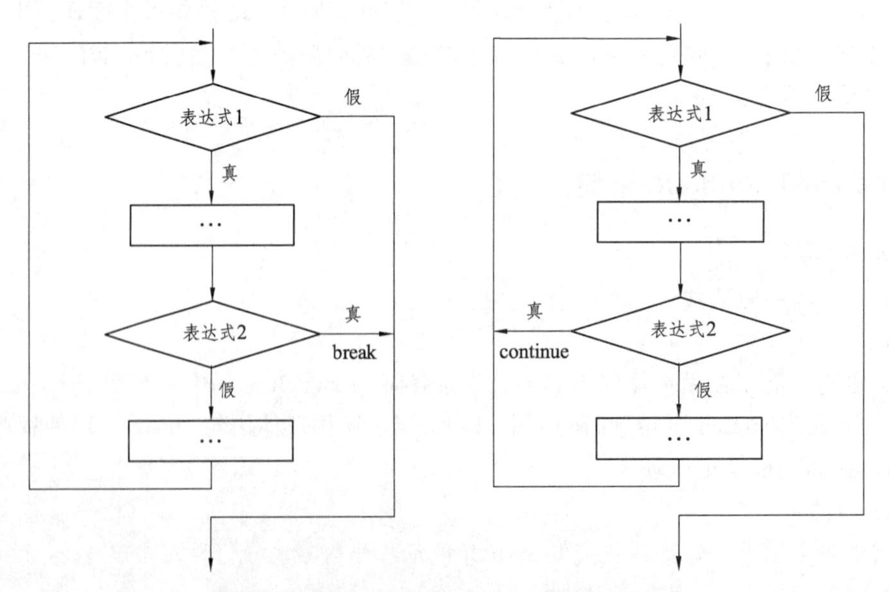

图 3.14 break 语句和 continue 语句的区别

3.3.7　循环嵌套语句

一个循环体内又包含另一个完整的循环结构，称为循环嵌套。内嵌的循环中还可以嵌套循环，就是多层循环。各种程序设计语言中关于循环嵌套的概念都是一样的。

各种不同类型的循环可以互相嵌套，如下面几种循环嵌套语句都是合法的形式：

（1）
```
while()
{  …
  while()
   {  …
     }
    …
}
```
（2）
```
do
{  …
   do
    {  …
      }while( );
    …
}while( );
```
（3）
```
while()
{  …
   do
   {  …
     }while( );
  …
}
```
（4）
```
for( ; ;)
{  …
   do
   {  …
     }while();
   …
    while()
    {  …
       }
   …
}
```
（5）
```
for( ; ;)
{ for( ; ;)
```

```
        …}
（6） do
        { for( ; ;)
            …
        }while();
```

例 3.11 输出九九乘法口诀表。

```
#include <stdio.h>
main()
{
int i,j,result;
printf("\n");
for (i=1;i<10;i++)
  {for(j=1;j<=i;j++)
     {
       result=i*j;
       printf("%d*%d=% - 3d",i,j,result);
     }
  printf("\n");
  }
}
```

3.4 C 语言程序实例

3.4.1 实训 1：顺序结构程序设计实例

知识准备：

掌握顺序结构程序设计方法。

项目内容：

输入三角形的三条边长，求三角形面积。

分析过程：

已知三角形的三边长 a,b,c，则该三角形的面积公式为：

$$area = \sqrt{s \times (s-a) \times (s-b) \times (s-c)}$$

其中 $s = (a+b+c)/2$。

由于要调用数学函数库中的平方根函数 sqrt(),因此必须在程序开头加一条#include 命令，把头文件"math.h"包含到程序中来。

完整的源程序如下：

```
#include <math.h>
```

```
main()
{
float a,b,c,s,area;
printf("请输入三角形的三条边长:\n");
scanf("%f,%f,%f",&a,&b,&c);
s=1.0/2*(a+b+c);
area=sqrt(s*(s – a)*(s – b)*(s – c));
printf("a=%7.2f,b=%7.2f,c=%7.2f,s=%7.2f\n",a,b,c,s);
printf("该三角形的面积为:%7.2f\n",area);
}
```

3.4.2　实训 2：选择结构程序设计实例

知识准备：

（1）要求会使用逻辑表达式表达条件。

（2）掌握选择结构的程序设计思想。

（3）掌握 if 语句和 switch 语句的用法。

项目内容：

项目 1：输入一个年份，判断该年是否为闰年。

分析过程：

判断闰年的条件是：能被 4 整除但不能被 100 整除的年份或者能被 400 整除的年份。年份满足其中的任意一个条件，则该年即是闰年。

下面给出完整的源程序：

```
#include <stdio.h>
main()
{
int year;
printf("请输入年份：");
scanf("%d",&year);
if((year%4==0&&year%100!=0)||year%400==0)
        printf("%d 年是闰年!",year);
else
        printf("%d 年不是闰年!",year);
}
```

项目 2：输入年份和月份，求该年的该月有多少天？

分析过程：

一年中，除 2 月份外的其他月份的天数都是固定的，而且规律性较强：其中 1、3、5、7、8、10、12 七个月份为 31 天；4、6、9、11 四个月份的为 30 天；2 月份的天数要看该年是否为闰年来定，如果是闰年，2 月份 29 天，否则 28 天。

完整的源程序：

```
#include <stdio.h>
main()
{
int year,month,day;
printf("请输入年份和月份（如 2013 6）：");
scanf("%d %d",&year,&month);
switch(month)
{
case 1:
case 3:
case 5:
case 7:
case 8:
case 10:
case 12:day=31;break; /*请分析：可否不要 break 语句？*/
case 4:
case 6:
case 9:
case 11:day=30;break;
case 2: if((year%4==0&&year%100!=0)||year%400==0)
              day=29;
        else
              day=28;
}
printf("%d 年%d 月有%d 天",year,month,day);
}
```

提醒： 以上程序也可将 case 2 换成 default,思考一下为什么？

项目 3：运输公司对用户计算运费。路程（s）越远，每公里运费越低。运费打折的标准如下（单位：km）：

$s<250$　　没有折扣

$250\leqslant s<500$　　2% 折扣

$500\leqslant s<1000$　　5% 折扣

$1000\leqslant s<2000$　　8% 折扣

$2000\leqslant s<3000$　　10% 折扣

$s\geqslant 3000$　　15% 折扣

设每公里每吨货物的基本运费为 p（price 的缩写），货物重为 w（weight 的缩写），距离为 s，折扣为 d（discount 的缩写），则总运费 f（freight 的缩写）的计算公式为：

f=p*w*s*(1 – d)

分析过程：

折扣的变化是有规律的。根据距离 s 的取值范围不同，折扣也相应发生变化，因此该程序为选择结构的程序，可以使用 if 语句，也可以使用 switch 语句。

在编写程序时，距离 s 取值区间两端的数据都是 250 的整数倍，因此，可以通过 s/250 的方法将区间转换成用整型数据来表达，以便使用 switch 语句编写程序。

下面给出完整的源程序:

```
#include <stdio.h>
main()
{int c,s;
float p,w,d,f;
printf("请输入基本运费，重量，距离：\n");
scanf("%f,%f,%d",&p,&w,&s);
if(s>=3000)
    c=12;
else
    c=s/250;
switch(c)
{
case 0:d=0;break;
case 1:d=2;break;
case 2:
case 3:d=5;break;
case 4:
case 5:
case 6:
case 7:d=8;break;
case 8:
case 9:
case 10:
case 11:d=10;break;
case 12:d=15;break;
}
f=p*w*s*(1 – d/100.0);
printf("freight=%15.4f",f);
}
```

运行情况如下：

```
100,20,300
freight=588000.0000
```

请注意：c、s 是整型变量，因此 c=s/250 为整数。当 s≥3000 时，令 c=12,而不使 c 随 s

增大，这是为了在 switch 语句中便于处理，用一个 case 可以处理所有 s≥3000 的情况。

思考：请大家用 if 语句来编写此程序。

3.4.3 实训 3：循环结构程序设计实例

知识准备：

（1）要求会使用关系表达式和逻辑表达式表达条件。

（2）掌握循环结构的程序设计思想。

（3）掌握 while 语句、do…while 语句和 for 语句的用法。

项目内容：

项目 1：

古典问题：有一对兔子，从出生后第 3 个月起每个月都生一对兔子，每一对小兔子长到第三个月后每个月又生一对兔子。假如兔子都不死，问每个月的兔子总数为多少？

分析过程：

不满 1 个月的为小兔子，满 1 个月不满 2 个月的为中兔子，满 3 个月以上的为老兔子。可以分析出每个月兔子的对数依次为数列 1，1，2，3，5，8，13，21…。

下面给出完整的源程序：

```
#include <stdio.h>
main()
{ int f1,f2,i;
f1=1;f2=1;
for(i=1;i<=10;i++)
{ printf("%12d %12d",f1,f2);
if(i%2==0)
printf("\n");    /*控制输出，每行四个*/
f1=f1+f2;        /*前两个月加起来赋值给第三个月*/
f2=f1+f2;        /*前两个月加起来赋值给第三个月*/
}
}
```

运行结果如图 3.15 所示。

提醒：程序中 if 语句的作用是输出 4 个数后换行，i 是循环控制变量。当 i 为偶数时换行，而 i 每增加 1，就要计算和输出 f1 和 f2，因此 i 每隔 2 换一次行，相当于每输出 4 个数据就换行。

项目 2：

输入一行字符，分别统计出其中英文字母、空格、数字和其他字符的个数。

分析过程：输入一行字符，字符的个数不确定（有效字符的个数可以为 0，即只有回车换行），结束标志为换行符'\n'。组成该字符序列中的每个字符的处理方式相同，即逐一读取字符序列中的各个字符，判断其是否为英文字母、空格、数字或其他字符，根据判断结果，使相应的计数器计数。

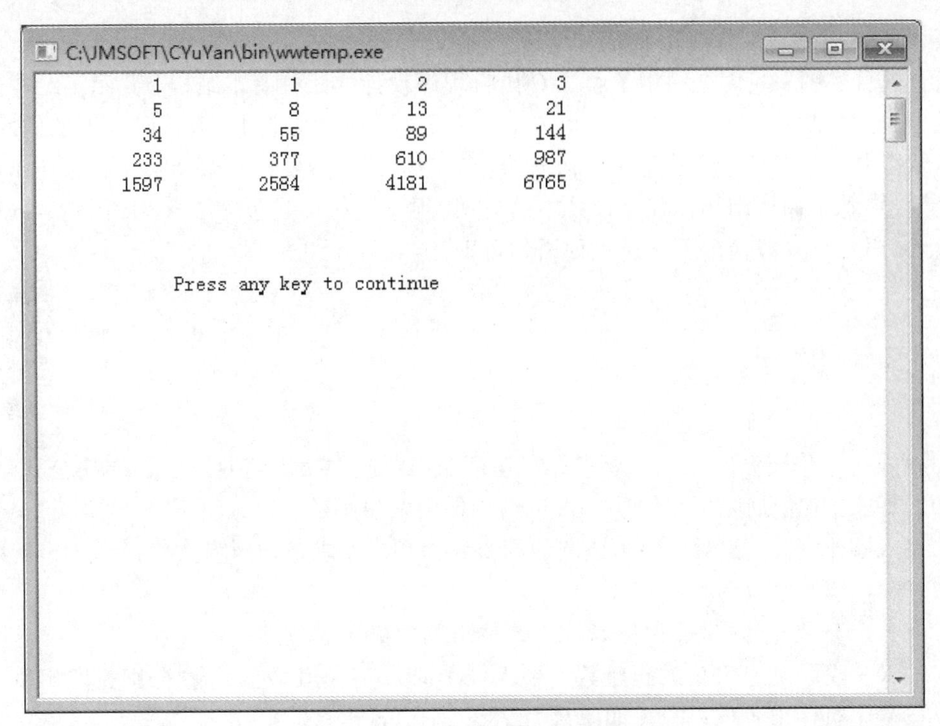

图 3.15　兔子问题输出结果

根据以上的分析可以知道，循环次数可以为 0，因此该程序是一个条件型循环，可以利用 while 语句编写程序。

完整的源程序：

```
#include <stdio.h>
main()
{char c;
int letters=0,space=0,digit=0,others=0;
printf("请输入一行字符：\n");
while((c=getchar())!='\n')
{
if(c>='a'&&c<='z'||c>='A'&&c<='Z')
    letters++;
else if(c==' ')
    space++;
else if(c>='0'&&c<='9')
    digit++;
else
    others++;
}
printf("字母%d 个,空格%d 个,数字%d 个,其他字符%d 个\n",letters, space,digit,others);
}
```

实训总结：

通过项目实训，我们进一步了解了 C 语言程序设计的三种基本结构，熟悉了结构化程序设计思想。选择结构语句包含了 if 语句和 switch 语句。在 if 语句中，有多种不同的使用方法。在循环结构中，我们进一步熟悉了如何分析循环结构的三个要素：循环条件、循环体和循环控制变量。熟悉了循环结构在程序设计中的运用，循环结构语句包含了 while 语句、do…while 语句和 for 语句。一般情况下，这三种语句可以互换。

3.5 习 题

参考答案

1. 输入一个华氏温度（F），要求编写程序输出对应的摄氏温度（C），转换公式：c=5(F－32)/9。要求：输出时有文字说明，最后结果保留两位小数。

2. 输入圆半径 r，编写程序求该圆的周长和面积。要求输出时有文字说明，最后结果保留两位小数。

3. 有 3 个整数 a、b、c，由键盘输入，输出其中最大的数。

4. 输入一个不超过五位的正整数，要求：① 求出它是几位数；② 分别打印出每一位数字；③ 按逆序打印出各位数字（如原数为 789，则应输出 987）。

5. 编写程序，求 y 值。

$$y=\begin{cases}2x+1 & x\in(10,+\infty)\\ x^2 & x\in[-10,10)\\ 5-x & x\in(-\infty,-10)\end{cases}$$

要求：分别用 if 语句的多分支结构和嵌套方式编写。

6. 企业发放的奖金根据利润提成。利润 I 低于或等于 10 万元的，奖金可提 10%；利润高于 10 万元且低于 20 万元（$100000<I\leqslant200000$）时，低于 10 万元的部分按 10%提成，高于 10 万元的部分按 7.5% 提成；当 $200000<I\leqslant400000$ 时，低于 20 万元的部分仍按上述办法提成（下同），高于 20 万元的部分按 5% 提成；当 $400000<I\leqslant600000$ 时，高于 40 万元的部分按 3% 提成；当 $600000<I\leqslant1000000$ 时，高于 60 万元的部分按 1.5% 提成；当 $I>1000000$ 时，超过 100 万元的部分按 1%提成。从键盘输入当月利润 I，求应发奖金总数。要求：分别用 if 语句和用 switch 语句编写。

7. 编写程序求 1+1/2+1/3+1/4+1/5+1/6+…1/50 的和。要求最后结果保留两位小数。

8. 输出所有的“水仙花数”。所谓“水仙花数”是指一个三位数，其各位数字的立方和等于该数本身。例如：153 是一个“水仙花数”，因为 $153=1^3+5^3+3^3$。

9. 一球从 100 米高度自由落下，每次落地后反弹回原高度的一半再落下，求它在第 10 次落地时，共经过多少米？第 10 次反弹多高？

10. 有一分数序列：2/1，3/2，5/3，8/5，13/8，21/13…求出这个数列的前 20 项之和。要求：最后结果保留两位小数。

第4章　数　组

学习要求： 掌握数组的定义、赋值和引用，熟悉字符串处理函数的格式、功能和调用。

主要内容： 一维数组、二维数组和字符数组的定义、初始化和引用，字符串处理函数及相关应用实例介绍。

本章源代码

在前面的章节中，我们学习了 C 语言的基本数据类型（整型、实型、字符型），通过这些数据类型我们可以描述和处理一些简单的问题。但在实际的问题中往往需要处理大量的数据，若仍用基本数据类型来操作，就会很不方便，甚至是不可能的。为此，C 语言提供了数组、结构体、共用体等构造类型来存储处理一组有规律数据。

本章将介绍数组。数组是有序的数据集合。数组中的每一个元素都属于同一个数据类型。数组用一个统一的数组名和下标来唯一地标识数组中的元素。下面我们将介绍数组的基本概念和使用方法。

4.1　一维数组

4.1.1　一维数组的定义与初始化

1. 一维数组的定义

数组和普通变量一样，需要先定义才能使用。一维数组的定义形式如下：

类型说明符 数组名 [常量表达式]

其中，类型说明符是任意一种基本数据类型或构造数据类型；数组名是用户定义的数组标识符；方括号中的常量表达式表示数据元素的个数，也称为数组的长度。例如：

int a [6]; /*说明整型数组 a，有 6 个元素。*/

float score[40],data[5]; /*说明实型数组 score，有 40 个元素，实型数组 data，有 5 个元素。*/

char name[10]; /*说明字符数组 name，有 10 个元素。*/

说明：

（1）数组名的命名规则和变量名相同，遵循标识符命名规则。

（2）常量表达式的值确定了数组的长度，它可以是常量或符号常量，但不能是变量。也就是说，定义数组时数组元素的个数就必须确定，不依赖于程序运行过程中的变量值。

（3）常量表达式必须用方括号括起来，不能用圆括号。

（4）在使用数组元素时，数组元素的下标从0开始。例如，数组a[10]的元素应为a[0]，a[1]，a[2]，a[3]，a[4]，a[5]，a[6]，a[7]，a[8]，a[9]。注意不能使用a[10]否则将出现下标越界的错误。

2. 一维数组的初始化

C语言允许在定义数组的同时，对数组元素赋初值，这称为数组的初始化。初始化一维数组的格式如下例所示：

```
int a[5] = {1，2，3，4，5};
```

用花括号将要赋给各元素的值括起来，数据间用逗号分隔。以上定义的作用是使a[0]=1，a[1]=2，a[2]=3，a[3]=4，a[4]=5。

对数组元素的初始化也可以用以下方法实现。

（1）在定义数组时对所有数组元素赋初值，可以不必指出元素个数。例如：

```
int a[] = {1，2，3，4，5};
```

该数组虽然在定义时没有指明数组的长度，但系统会根据括号中数据的个数自动确定数组的实际长度（如上面数组a中包含了5个元素）。

（2）在定义数组时也可以只对部分元素赋初值。例如：

```
static int a [5] = {1，2，3};
```

该数组定义了5个元素，但是只对前3个元素进行了赋值，后2个元素的值则被自动赋为0。

（3）若想一个数组中全部元素值为0，可以写成

```
int a[10]={0};
```

注意：如果一个静态数组或外部数组不进行初始化，则隐含的初始值为0或者空字符。如果不对自动（auto）数组进行初始化，则其初始值将为一些不可预料的值。

4.1.2 数组元素的引用

数组元素是组成数组的基本单元。数组元素也是一种变量，其标识方法为数组名后跟一个下标。下标表示了元素在数组中的顺序号。数组元素的一般形式为：

数组名[下标]

其中下标只能为整型常量或整型表达式。如果下标为实数时，C语言编译系统将自动取整。如a[5]，a[i+j]，a[i++]都是合法的数组元素。

数组元素通常也称为下标变量。必须先定义数组，才能使用下标变量。在C语言中只能逐个地使用下标变量，而不能一次引用整个数组。例如，输出有10个元素的数组必须使用循环语句逐个输出各下标变量：

```
for(i=0; i<10; i++);
    printf("%d",a[i]);
```

不能用一个语句输出整个数组，如下面的写法就是错误的：

```
printf("%d",a);
```

例 4.1 数组元素的引用。

```
main()
{
int i,max,a[10];
printf("input 10 numbers:\n");
for(i=0;i<10;i++)
    scanf("%d",&a[i]);
max=a[0];
for(i=1;i<10;i++)
    if(a[i]>max)
    max=a[i];
printf("maxmum=%d\n",max);
}
```

本例程序中第一个 for 语句的作用为逐个输入 10 个数到数组 a 中，然后把 a[0]送入 max 中。在第二个 for 语句中，从 a[1]到 a[9]逐个与 max 中的内容比较，若比 max 的值大，则把该下标变量送入 max 中，因此 max 总是为已比较过的下标变量中的最大者。比较结束，最后输出 max 的值。

4.1.3 一维数组应用举例

例 4.2 用冒泡法对 10 个数排序(由小到大)。

冒泡法的思路是：将相邻两个数比较，将小的调到前头。

例如，有数据序列 8，7，4，3，9，6，5。

第 1 次比较将第 1 个数 8 和第 2 个数 7 对调，第 2 次将又将调换到第 2 个位置的 8 与第 3 个数 4 对调……如此共进行 6 次，得到 7，4，3，8，6，5，9 的数据序列，可以看到最大的数 9 已“沉底”，成为最后面一个数。经第 1 次比较（共 6 次）后，已得到最大的数。然后进行第 2 次比较，对余下的前面 6 个数按以上方法进行比较。经过 5 次比较，得到次大的数 8。如此进行下去。可以推知，对 7 个数要比较 6 次，才能使 7 个数按大小顺序排列。在第 1 次比较中要进行两个数之间的比较共 6 次，在第 2 次中比 5 次……第 6 次中比 1 次。如果有 n 个数，则要进行 n – 1 次比较。在第 1 次比较中要进行 n – 1 次两两比较，在第 j 次比较中要进行 n – j 次两两比较。

```
main()
{
int a[10];
int i,j,t;
printf("input 10 numbers :\n");
for (i=0;i<10;i++)
    scanf("%d",&a[i]);
```

```
printf("\n");
for(j=1;j<10;j++)
    for(i=0;i<10 - j;i++)
if (a[i]>a[i+1])
        {
t=a[i];a[i]=a[i+1];a[i+1]=t;}
printf("the sorted numbers :\n");
for(i=0;i<10;i++)
    printf("%d ",a[i]);
}
```

运行情况如下：

```
input 10 numbers:
32 7 48 12 27 0 100 65  - 21 87
the sorted numbers:
- 21  0 7 12 27 32 48 65 87 100
```

例 4.3 用数组来处理求 Fibonacci 数列问题。

程序如下：

```
main()
{
int i;
int f[20]={1,1};
for(i=2;i<20;i++)
    f[i]=f[i - 2]+f[i - 1];
for(i=0;i<20;i++)
{
if(i%5==0)
    printf("\n");
printf("%12d",f[i]);
}
}
```

运行结果如下：

```
    1      1      2      3      5
    8     13     21     34     55
   89    144    233    377    610
  987   1597   2584   4181   6765
```

说明：用 if 语句用来控制换行，每行输出 5 个数据。

4.2 二维数组

4.2.1 二维数组的定义与初始化

前面介绍的数组只有一个下标，称为一维数组，其数组元素也称为单下标变量。在实际问题中有很多量是二维的或多维的，因此C语言允许构造多维数组。多维数组元素有多个下标，以标识它在数组中的位置，所以也称为多下标变量。本小节只介绍二维数组，多维数组可由二维数组类推而得到。

1. 二维数组的定义

二维数组定义的一般形式是：

类型说明符 数组名[常量表达式 1][常量表达式 2]

其中常量表达式 1 表示第一维下标的长度，常量表达式 2 表示第二维下标的长度。

例如：

int a[3][4];

定义了一个三行四列的数组，数组名为 a，其下标变量的类型为整型。该数组的下标变量共有 3×4 个，即：

a[0][0],a[0][1],a[0][2],a[0][3],

a[1][0],a[1][1],a[1][2],a[1][3],

a[2][0],a[2][1],a[2][2],a[2][3]

二维数组在概念上是二维的，即是说其下标在两个方向上变化，下标变量在数组中的位置也处于一个平面之中，而不是像一维数组一样，只是一个向量。但是，实际的硬件存储器却是连续编址的，也就是说存储器单元是按一维线性排列的。如何在一维存储器中存放二维数组，可有两种方式：一种是按行排列，即放完一行之后顺次放入第二行；另一种是按列排列，即放完一列之后再顺次放入第二列。在C语言中，二维数组是按行排列的。

即先存放 a[0]行，再存放 a[1]行，最后存放 a[2]行。每行中有四个元素也是依次存放。由于数组 a 说明为 int 类型，该类型占两个字节的内存空间，所以每个元素均占有两个字节。

2. 二维数组的初始化

二维数组初始化也就是在类型说明的时候给各下标变量赋以初值。其初始化形式有如下几种。

（1）分行给二维数组赋初值。例如：

int a[5][3]={ {80,75,92},{61,65,71},{59,63,70},{85,87,90},{76,77,85} };

这种赋初值方法比较直观，把第 1 个花括号内的数据赋给第 1 行的元素，把第 2 个花括号内的数据赋给第 2 行的元素……即按行赋初值。

（2）也可将所有数据写在一个花括号内，按数组排列的顺序对各元素赋初值。如：

int a[5][3]={ 80,75,92,61,65,71,59,63,70,85,87,90,76,77,85};

这两种赋初值的结果是完全相同的。但第一种方法效果较好，一行对一行，界限清楚。用第二种方法如果数据多时，容易写成一大片，容易遗漏，也不易检查。

（3）可以对部分元素赋初值。例如：

int a[3][3]={{1},{2},{3}};

它的作用是只对各行第 1 列的元素赋初值，未赋初值的元素则自动赋值为 0。

赋值后各元素的值为：

1 0 0

2 0 0

3 0 0

再例如：

int a [3][3]={{0,1},{0,0,2},{3}};

赋值后的元素值为:

0 1 0

0 0 2

3 0 0

（4）若对全部元素赋初值，则第一维的长度可以不给出，但第二维的长度不能省。例如：

int a[3][3]={1,2,3,4,5,6,7,8,9};

等价于：

int a[][3]={1,2,3,4,5,6,7,8,9};

除此之外，在定义时也可以只对部分元素赋初值而省略第一维的长度，但注意必须分行赋初值。例如：

int a[][4]={{2,0,3},{},{4}};

赋值后的元素值为:

2 0 3 0

0 0 0 0

4 0 0 0

数组是一种构造类型的数据。二维数组可以看作是由一维数组的嵌套而构成的。设一维数组的每个元素又都是一个数组，自然就构成了二维数组。当然，其前提是各元素类型必须相同。根据这样的分析，一个二维数组也可以分解为多个一维数组。C 语言允许这种分解。

例如，二维数组 a[3][4]，可分解为 3 个一维数组，其数组名分别为：a[0],a[1],a[2]。对这 3 个一维数组不需另作说明即可使用。这 3 个一维数组每个都有 4 个元素，例如：一维数组 a[0]的元素为 a[0][0],a[0][1],a[0][2],a[0][3]。必须强调的是：a[0],a[1],a[2]不能当作下标变量使用，它们是数组名，不是一个单纯的下标变量。

4.2.2 二维数组元素的引用

二维数组的元素也称为双下标变量，其表示的形式为：

数组名[下标][下标]

其中下标应为整型常量或整型表达式。

例如：

a[3][4]

表示 a 数组第 3 行第 4 列的元素。

下标变量和数组说明在形式中有些相似，但这两者具有完全不同的含义。数组说明的方括号中给出的是某一维的长度，即可取下标的最大值；而数组元素中的下标是该元素在数组中的位置标识。前者只能是常量，而后者可以是常量、变量或表达式。

例 4.4 一个学习小组有 5 个人，每个人有 3 门课的考试成绩。求全组分科的平均成绩和各科总平均成绩。

可设一个二维数组 a[5][3]存放 5 个人 3 门课的成绩。再设一个一维数组 v[3]存放所求得各分科的平均成绩，设变量 average 为全组各科总平均成绩。程序如下：

```
main()
{
int i,j,s=0,average,v[3],a[5][3];
printf("input score\n");
for(i=0;i<3;i++)
{
for(j=0;j<5;j++)
{
scanf("%d",&a[j][i]);
s=s+a[j][i];
}
v[i]=s/5;
s=0;
}
average =(v[0]+v[1]+v[2])/3;
printf("math:%d\nc language:%d\ndbase:%d\n",v[0],v[1],v[2]);
printf("total:%d\n", average );
}
```

上例程序中首先用了一个双重循环。在内侧循环中依次读入某一门课程的各个学生的成绩，并把这些成绩累加起来，退出内循环后再把该累加成绩除以 5 送入 v[i]之中，这就是该门课程的平均成绩。外循环共循环 3 次，分别求出 3 门课各自的平均成绩并存放在 v 数组之中。退出外循环之后，把 v[0],v[1],v[2]相加后除以 3 即得到各科总平均成绩。最后按题意输出各个成绩。

4.2.3 二维数组程序举例

例 4.5 将二维数组 a 的行和列的元素互换，并存到另一个二维数组 b 中。最终结果如下：

a={1,2,3},{4,5,6};

b={{1,4},{2,5},{3,6}};

程序如下：

```
main()
```

```
{
int a[2][3]={{1,2,3},{4,5,6}};
int b[3][2],i,j;
printf("array a:\n");
for (i=0;i<=1;i++)
{
for (j=0;j<=2;j++)
{
printf("%5d",a[i][j]);
b[j][i]=a[i][j];
}
printf("\n");
}
printf("array b:\n");
for (i=0;i<=2;i++)
{
for(j=0;j<=1;j++)
      printf("%5d",b[i][j]);
printf("\n");
}
}
```

运行结果如下：

```
array a:
        1 2 3
        4 5 6
array b:
        1 4
        2 5
        3 6
```

例 4.6 有一个 3×4 的矩阵，要求编程求出其中值最大的那个的值，以及该值所在的行号和列号。

```
main()
{
int i,j,row=0,colum=0,max;
int a[3][4]={{8,－5,19,2},{20,5,71,12},{9,23,18,15}};
max=a[0][0];
for(i=0;i<3;i++)
      for(j=0;j<4;j++)
if(max<a[i][j])
```

```
{
max=a[i][j];
    row=i;
colum=j;
}
printf("max=%d,row=%d,colum=%d\n",max,row,colum);
}
```

输出结果为：

Max=71,row=1,colum=2

4.3　字符串与字符数组

在 C 语言中，字符串常量是用一对双引号括起来的字符序列，如“good”“5089”“^_^”等。C 语言没有专门的字符串变量，字符串如果需要存放在变量中，需要用字符数组来存放。

一个字符串数据在内存中占用多少个字节的存储空间，是由其双引号内的字符个数来确定的。不过需要注意的是，对于字符串数据，除了你可见的字符外，在字符串结束的位置还有一个隐藏的字符，这个字符就是字符串的结束标志，其标识为'\0'，是一个 ASCII 码值为 0 的字符。这个字符是一个空操作符，不进行任何操作，但仍要占用一个字节的存储空间。例如，“student”字符串占用的内存空间是 8 个字节，即 7 个有效字符加上一个'\0'的结束字符。

4.3.1　字符数组的定义与初始化

字符数组是指数据类型为字符型的数组。字符数组的每一个元素中存放一个字符。字符数组既拥有一般数组的基本特性，又具有某些特殊的性质。我们既可以像对一般数组那样定义、赋值、引用字符数组的元素，又可以使用特殊的方法（如字符串）对字符数组进行操作。

1. 字符数组的定义

字符数组的定义方法与其他数组的定义方法类似，只是字符数组的数据类型应选 char。例如：

```
char  a[11];
      a[0]= 'H';a[1]= 'o';a[2]= 'w';a[3]= ' '; a[4]= 'a';
      a[5]= 'r';a[6]= 'e';a[7]= ' ';a[8]= 'y';a[9]= 'o';a[10]= 'u';
```

通过上面的语句，我们定义了一个包含 11 个元素的字符数组 a，并给每个元素赋了相应的字符。赋值后数组 a 的存放状态如图 4.1 所示。

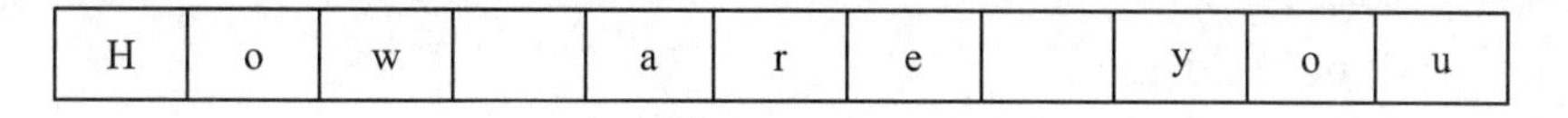

图 4.1　字符数组的定义

2. 字符数组的初始化

在定义字符数组的同时给字符数组中的元素赋值，称为字符数组的初始化。对字符数组进行初始化，有如下几种形式。

（1）单个字符形式。在定义时将字符逐个赋值给字符数组中的每个元素。例如：

char ch[10]={ 'I', ' ', 'a','m', ' ', 'a',' ','b','o','y'};

使用这种方法给字符数组进行初始化时，若花括号内的字符个数大于数组长度，则按语法错误处理。如果花括号内的字符个数小于数组长度，则将花括号内的字符依次赋给数组的前几个元素，其余的元素自动赋予 ASCII 码值为 0 的空字符'\0'。例如：

char a[10]={'T','e','a','c','h','e','r'};

其有效字符为 7 个，系统会自动在最后加入 3 个'\0'的空字符，如图 4.2 所示。

a[0]	a[1]	a[2]	a[3]	a[4]	a[5]	a[6]	a[7]	a[8]	a[9]
T	e	a	c	h	e	r	\0	\0	\0

图 4.2 字符个数小于组长度的字符数组初始化

在对字符数组进行初始化时，可以省略数组长度，系统会自动根据初值个数确定数组长度。这样在字符个数较多的情况下，可以不必人工去计算字符的个数。例如：

char c[ ]={'I',' ','a','m',' ','f','i','n ','e'};

（2）字符串形式。在定义字符数组时使用字符串形式进行初始化，可以省略花括号。例如，以下两条语句等价：

char b[10]={ "I am fine"};

char b[10]="I am fine";

值得注意的是，字符串"I am fine"共有 10 个字符，其中有效字符 9 个，字符串结束字符 1 个。因此，存放该字符串的字符数组至少该有 10 个元素，故上述的 b 数组长度为 10。

同样使用字符串进行初始化时，也可以省略数组长度不写，由系统自动根据字符串长度来确定数组长度。例如：

char s[ ]="Good";

数组 s 的长度自动为 5，其中 4 个有效字符，1 个字符串结束字符。数组 s 的存放状态如图 4.3 所示。

s[0]	s[1]	s[2]	s[3]	s[4]
G	o	o	d	\0

图 4.3 未定义数组长度的字符数组初始化

由于字符串常量最后有一个'\0'的结束标志，因此，上面 s 数组的初始化语句与下面的初始化语句等价。

char s[ ]={'G','o','o','d','\0'};

而不是与下面的等价：

char s[ ]={'G','o','o','d'};

上面两个初始化语句的区别在于前一个数组在最后多了一个'\0'字符，这个字符并不是字符数组所必需的，没有'\0'字符的数组也是合法的。是否需要加'\0'，完全根据需要决定。但是，由于系统对字符串常量自动加一个'\0'，人们为了使处理方法一致，便于测定字符串的实际长度，以及在程序中作相应的处理，因此把字符数组也常常人为地加上 1 个'\0'。如：

```
char  a[ ]={ 'H', 'a', 'p', 'p', 'y', '\0'};
```

4.3.2　字符串的输入/输出

1．字符数组的输出

用 printf() 函数输出字符数组元素，既可以使用格式符“%c”逐个字符的输出，也可以使用格式符“%s”将字符数组中存放的字符串整体输出。

例 4.7　输出一个形如“丰”字的图形。

```
main()
{
char ch[ ]={ '－', '－', '－', '|', '－', '－', '－'};
char a[ ]="  －－|－－";
int i;
for (i=0;i<7;i++)
     printf("%c",ch[i]);
printf("\n");
printf("%s\n",a);
for (i=0;i<7;i++)
     printf("%c",ch[i]);
printf("\n");
}
```

程序输出结果如图 4.4 所示。

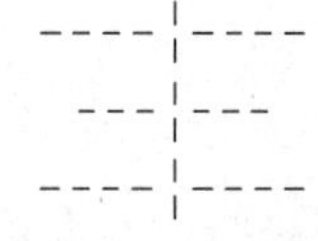

图 4.4　例 4.7 输出结果

从例 4.7 可知，逐个字符的输出，使用的格式符是“%c”；以字符串整体一次输出，使用的格式符是“%s”。

在用“%s”输出整个字符串时，要注意以下几点：

（1）输出时系统要检测字符串结束符'\0'，一旦遇到'\0'就结束输出操作，并且不输出字符串的结束标志'\0'字符。

（2）printf()函数中的输出项是字符数组名，而不是数组元素名。例如下面的写法就是错误的：

```
printf("%s",a[0]);
```

（3）如果数组长度大于字符串的实际长度，也只输出'\0'前的字符。例如：

```
char a[15]="Good";
```

```
printf("%s",a);
```

程序只输出“Good” 4 个字符，而不是 15 个（数组长度）字符，在遇到'\0'便结束输出。

（4）若一个字符数组中包含了多个'\0'，则遇到第一个'\0'就结束输出。例如：

```
main(  )
{
char a[10]={'y','o','u','\0','a','\0','r','\0'};
printf("%s",a);
}
```

运行程序时，屏幕显示：

you

由运行结果可知，在第一个'\0'后面的内容不会被输出。

2．字符数组的输入

与输出函数 printf()类似，可以用格式符“%c”或“%s”向字符数组输入字符或字符串。

（1）使用“%c”格式符向字符数组逐个输入字符。

```
main()
{
char   a[6];
char   b[ ]="study";
int i;
printf("请输入一个字符串:");
for(i=0;i<6;i++)
     scanf("%c",&a[i]);
printf("数组 a 中存放的字符是:");
for(i=0;i<6;i++)
     printf("%c",a[i]);
printf("\n");
printf("数组 b 中存放的字符是:%s\n",b);
}
```

程序运行时，如果输入字符串“TC 程序设计”，则屏幕显示如下：

请输入一个字符串：TC 程序设计

数组 a 中存放的字符是：TC 程序

数组 b 中存放的字符是：study

数组 a 的长度是 6，显然输入的字符数大于字符数组 a 的长度，因此数组 a 只存放前 6 个字符。其他的字符存放在数据缓冲区中，供以后的输入函数使用。不过，实际使用时应该避免出现输入字符数大于数组长度的情况，以免其他变量得到不想要的数据。

（2）使用“%s”格式符向字符数组输入字符串。

```
main()
{
```

```
char   a[6];
char   b[ ]="study";
printf("请输入一个字符串:");
scanf("%s",a);
printf("数组 a 中存放的字符是:%s\n",a);
printf("数组 b 中存放的字符是:%s\n",b);
}
```

程序运行时，如果输入字符串“TC 程序设计”，则屏幕显示如下：

请输入一个字符串：TC 程序设计

数组 a 中存放的字符是：TC 程序设计

数组 b 中存放的字符是：设计

从显示信息可以看出：输入的字符不仅占用了数组 a 的存储空间，而且占用了数组 b 的存储空间，影响了数组 b 中存放的数据。因此，使用这种方法给数组元素赋值时，应该避免出现输入字符数大于数组长度的情况，以免破坏相邻存储空间的数据。

注意：在 scanf()函数中使用格式符“%c”时，输入项就是字符数组元素，并且需要加地址符“&”，如&a[i]；如果在 scanf()函数中使用格式符“%s”，输入项就是字符数组名，且不能在其前加地址符“&”，因为数组名就代表了相应字符数组在内存中的存储地址。例如：

```
char s[10];
scanf("%s",&s);   /*输入项&s 就是错误的。*/
```

在 scanf 函数中使用格式符“%s”输入字符串时，输入的前置空格将被系统自动删除。其余的空格和回车符都被作为字符串的分隔符。因此，如果输入的字符串中间含有空格，系统就把输入的字符按空格分成多个字符串。如：

```
main (   )
{
char   a[20],b[20],c[20];
printf("请输入字符串:");
scanf("%s",a);
scanf("%s%s",b,c);
printf("数组 a:%s\n",a);
printf("数组 b:%s\n",b);
printf("数组 b:%s\n",c);
}
```

运行程序时，如果输入“I am fine”，幕显示如下：

请输入字符串：I am fine

数组 a:I

数组 b:am

数组 c:fine

屏幕显示信息说明：系统是把“I”“am”“fine”都作为字符串处理，而不是把输入的“I am fine”作为一个字符串处理。这是因为 scanf()函数中使用格式符“%s”输入字符串时，系统自动默认以空格或回车键作为字符串的分隔符。若要输入包含有空格的字符串，应采用格式符“%c”，逐个地将字符赋给字符数组中的元素。例如：

```
main ()
{
char   a[6],c[20];
char   b[20 ];
int i;
printf(“请输入字符串:”);
for(i=0;i<5;i++)
      scanf(“%c”,&a[i]);
a[5]=’\0’;
scanf(“%s%s”,b,c);
printf(“数组 a:%s\n”,a);
printf(“数组 b:%s\n”,b);
printf(“数组 c:%s\n”,c);
}
```

运行程序时，如果输入“we are happy”,屏幕显示如下：

```
请输入字符串：we are happy
数组 a:we ar
数组 b:e
数组 c:happy
```

从程序中，我们可以知道要将数组 a 中的字符元素转换为一个完整的字符串，应在其结束位置加入'\0'的字符串结束标志。这样，数组 a 中的字符串就可以包括空格字符了。

4.3.3 字符串处理函数

通过上面的实例，我们可以发现使用 printf()函数和 scanf()函数处理字符串不太方便，所以在 C 语言的函数库中又提供了一些专门用来处理字符串的函数，方便我们处理字符串数据。不同的 C 语言编译程序提供的字符串处理函数可能不同，但几乎所有 C 语言编译程序都提供了下面这些常用的字符串处理函数。

1．输入字符串函数 gets()

gets()函数专门用于输入字符串。其功能是将在 Enter 键之前输入的所有字符存放到指定的字符数组中，然后自动在有效字符末尾处加上’\0’。gets()函数一次只能输入一个字符串。该函数的原型存放在头文件 stdio.h 中，函数调用的一般形式是：

gets(字符数组);

例 4.8 使用 gets()函数输入字符串。

```
#include "stdio.h"    /*gets()函数的原型在此头文件中。*/
main( )
```

```
{
char a[20],b[10];
printf("请输入两行文本信息：");
gets(a);
gets(b);
printf("数组 a：%s\n",a);
printf("数组 b：%s\n",b);
}
```

运行程序时，如果输入“how are you”和“fine”，屏幕显示如下：

```
请输入两行文本信息：how are you
fine
数组 a:how are you
数组 b:fine
```

说明：

（1）通过输出数组 a，我们可以看到 gets()函数允许字符串中包含有空格字符。

（2）gets( )函数对读取的字符串没有长度限制，因此，我们自己应保证字符数组的长度足够大，能存放输入的字符串，否则程序运行时将出现错误。

2．输出字符串函数 puts()

puts()函数用于输出字符串。其功能是将字符串中'\0'前的所有字符输出到终端。puts()函数一次只能输出一个字符串。该函数的原型存放在头文件 stdio.h 中，函数调用的一般形式是：

puts(字符数组)；

例 4.9 使用 puts()函数输出字符串。

```
#include "stdio.h"    /*puts()函数的原型在此头文件中。*/
main( )
{
char a[]="Study\nTurbo C";
char b[]="程序设计";
puts(a);
puts(b);
}
```

运行程序时，屏幕显示如下：

```
Study
Turbo C
程序设计
```

说明：

（1）puts()函数输出字符串时，用'\n'取代字符串的结束标志'\0'。所以用 puts()函数输出字符串时，不要求另加换行符。

（2）puts()函数输出字符串时，允许字符串包含转义字符，输出时产生一个控制操作。在上例数组 a 的字符串中有一个回车换行的转义符'\n'，所以输出时，字符数组 a 中的字符串占了两行的位置。

3．测试字符串长度函数 strlen()

strlen()函数用于测试字符串常量或字符数组的实际长度（不包含结束标志'\0'）。该函数的定义存放在头文件 string.h 中，函数调用的一般形式是：

strlen(字符数组)；

例 4.10 使用 strlen()函数测试字符串的长度。

```
#include "string.h" /*strlen 函数的原型在此头文件中。*/
main()
{
char a[ ]="study\nTurbo C";
char b[ ]="程序设计";
char c[ ]={'c','o','\0','m','\0','e'};
int x,y,z;
x=strlen(a);
y=strlen(b);
z=strlen(c);
printf("字符串 a 的长度是:%d\n",x);
printf("字符串 b 的长度是:%d\n",y);
printf("字符串 c 的长度是:%d\n",z);
}
```

运行程序时，屏幕显示如下：

字符串 a 的长度是：13

字符串 b 的长度是：8

字符串 c 的长度是：2

说明：

如果字符数组中存放多个字符串，strlen()函数返回第一个字符串的实际长度，即返回数组中第一个'\0'前的字符个数。

4．字符串中大写字母转换成小写字母的函数 strlwr()

strlwr()函数的作用是将字符串中的大写字母转换成小写，其他字符（包括小写字母和非字母字符）不转换。该函数的原型存放在头文件 string.h 中，函数调用的一般形式是：

strlwr(字符串)；

例 4.11 使用 strlwr()函数将大写字母转换为小写。

```
#include "string.h"
main( )
{
char a[ ]="Turbo C";
```

```
printf("转换为小写字母的字符串 a:%s\n",strlwr(a));
}
```

运行程序时，屏幕显示如下：

转换为小写字母的字符串 a：turbo c

5．字符串中小写字母转换成大写字母函数 strupr()

strupr()函数的作用是将字符串中的小写字母转换成大写，其他字符（包括大写字母和非字母字符）不转换。该函数的原型存放在头文件 string.h 中，函数调用的一般形式是：

strupr(字符串)；

例 4.12 使用 strupr()函数将小写字母转换为大写。

```
#include "string.h"
main( )
{
char a[ ]="Teacher";
printf("转换为大写字母的字符串 a:%s\n",strupr(a));
}
```

运行程序时，屏幕显示如下：

转换为小写字母的字符串 a：TEACHER

6．字符串拷贝函数 strcpy()

strcpy()函数的作用是将字符数组 2 的字符串复制到字符数组 1 中。字符数组 2 可以是字符串常量，也可以是字符数组，但字符数组 1 必须是数组名。strcpy()函数的原型存放在头文件 string.h 中，函数调用的一般形式是：

strcpy(字符数组 1，字符数组 2)；

例 4.13 使用 strcpy()函数实现字符串的复制操作。

```
#include "stdio.h"
#include "string.h"
main()
{
char a[11]="Basketball";
char b[10]="football";
char c[10]="win";
int i;
strcpy(a,b);
strcpy(c,a);
strcpy(b, "victory");
printf("字符串 a 的内容是:");
for(i=0;i<11;i++)
      printf("%c",a[i]);
printf("\n");
```

```
printf("字符串 b 的内容是:%s\n",b);
printf("字符串 c 的内容是:%s\n",c);
}
```

运行程序时，屏幕显示如下：

字符串 a 的内容是：footballl

字符串 b 的内容是：victory

字符串 c 的内容是：football

说明：

（1）字符数组 1 必须定义得足够大，以便容纳复制过来的字符串。复制时，连同结束标志'\0'一起复制。

（2）不能使用赋值语句将一个字符串常量或字符数组直接赋给一个字符数组，只能用 strcpy()函数来处理。例如，下面的赋值语句是不合法的：

```
char s,a,ch="good";
s="study";
a=ch;
```

（3）用 strcpy()函数拷贝字符串时，只会把字符串中的字符依次写入字符数组 1，对字符数组 1 中未写到的存储单元，保持该单元原有取值。如上面例题中的数组 a，经过 strcpy 函数复制后，在其前 9 个单元存放了数组 b 中的字符串，而其后 2 个单元保持原值不变，所以输出结果是：footballl。

7．字符串连接函数 strcat()

strcat()函数用于把字符数组 2 中的字符串连接到字符数组 1 的字符串尾端，形成一个新的字符串，并把结果存放到字符数组 1 中。字符数组 2 可以是字符串常量，也可以是字符数组，但字符数组 1 必须是数组名。strcat()函数的原型存放在头文件 string.h 中，函数调用的一般形式是：

strcat(字符数组 1，字符数组 2);

例 4.14 使用 strcat()函数连接字符串。

```
#include "stdio.h"
#include "string.h"
#define SIZE   50
main()
{
char a[SIZE],b[SIZE];
puts("请输入字符 a:");
gets(a);
puts("请输入字符 b:");
gets(b);
if(strlen(a)+strlen(b)<SIZE)
{
```

```
strcat(a,b);
printf("连接后的字符串是:");
puts(a);
}
else
    puts("数组空间不够,不能正确连接.");
}
```

运行程序时，若输入“My program”和“is success”两行信息，屏幕显示如下：

请输入字符 a:

My program

请输入字符 b:

is success

连接后的字符串是：My program is success

说明：

（1）连接前两个字符串都有结束标志'\0'，连接后“字符数组 1”中存储的字符串的结束标志'\0'被舍弃，只在目标字符串最末保留“字符数组 2”的结束标志'\0'。

（2）使用 strcat()函数连接字符数组时，由于其不进行边界检查，在定义数组时，“字符数组 1”的长度应足够大，以便能容纳连接后的目标字符串。否则，会因长度不够而产生错误。因此，在连接字符串前，可以调用 strlen()函数测试字符串的长度，保证“字符数组 1”有足够的存储空间能容纳连接后的目标字符串，从而确保两个字符串的正确连接。

8．字符串比较函数 strcmp()

strcmp()函数用于比较符数组 1 和字符数组 2 的大小关系。系统按照从左到右的顺序依次比较两个字符数组中各对应位置上的字符的 ASCII 码值的大小，直到出现不同的字符或遇到字符串结束符'\0'为止。如果全部字符都相同，则认为两个字符串相等；如果出现了不同的字符，则以第一对不相同字符的比较结果为准。strcmp()函数的返回值如下所示：

（1）如果字符串 1=字符串 2，函数值等于 0；

（2）如果字符串 1<字符串 2，函数值为一负整数；

（3）如果字符串 1>字符串 2，函数值为一正整数。

该函数的原型存放在头文件 string.h 中，函数调用的一般形式是：

strcmp(字符数组 1,字符数组 2);

其中字符数组 1 和字符数组 2 可以是字符串常量，也可以是字符数组。

例 4.15 使用 strcmp()函数比较字符串的大小。

```
#include "stdio.h"
#include "string.h"
#define SIZE    50
main()
{
char st1[SIZE],st2[SIZE];
```

```
    int i;
    puts("请输入字符 st1:");
    gets(st1);
    puts("请输入字符 st2:");
    gets(st2);
    i=strcmp(st1,st2);
    if(i>0)
        printf("%s 大于%s\n",st1,st2);
    else
        if(i<0)
            printf("%s 小于%s\n",st1,st2);
        else
            printf("%s 等于%s\n",st1,st2);
}
```

运行程序时，若输入“computer”和“Computer”两行信息，屏幕显示如下：

```
请输入字符 st1:
computer
请输入字符 st2:
Computer
computer 大于 Computer
```

运行程序时，若输入“03”和“03 year”两行信息，屏幕显示如下：

```
请输入字符 st1:
03
请输入字符 st2:
03 year
03 小于 03 year
```

运行程序时，若输入“计算机”和“电脑”两行信息，屏幕显示如下：

```
请输入字符 st1:
计算机
请输入字符 st2:
电脑
计算机大于电脑
```

说明：

（1）strcmp()函数比较字符串大小时，是比较字符串中的字符的 ASCII 码值的大小。对于汉字，则比较的是对应拼写的 ASCII 码值的大小。

（2）对于字符常量可以使用关系运算符“==”比较大小，不能使用 strcmp 函数比较大小。但对于字符串则不能使用“==”运算符比较大小。例如，下面的语句是错误的：

```
if("study"== "student")
    puts("equal");   /*使用"=="比较字符串错误*/
```

4.3.4 字符数组应用举例

例 4.16 从键盘上输入一行英文字符串，判断该字符串的每一单词的第一个字母是否是大写，若不是，则改为大写字母。

```
#include "stdio.h"
#include "string.h"
#define SIZE 80
main()
{
char ch[SIZE];
int i=0;
puts("请输入一行英文文本,单词间用空格分隔:");
gets(ch);
while(ch[i]!='\0')
{
if(i==0||ch[i - 1]==' ')
     if(ch[i]>='a'&&ch[i]<='z')
          ch[i]=ch[i] - 32;
i++;
}
puts("修改后的字符串为:");
puts(ch);
}
```

运行程序时，若输入字符串"we study hard, do you?"，屏幕显示如下：

请输入一行英文文本，单词间用空格分隔：we study hard, do you?

修改后的字符串为：We Study Hard, Do You?

程序说明：

（1）设计程序时要知道如何确定哪个字符是单词的首字符，输入的第一字符或空格紧邻的一个字符是单词的首字符。因此，我们使用"if(i==0||ch[i - 1]==' ')"来判断单词的首字符。

（2）在C语言中，计算机存储字符是存放该字符的ASCII码值，可以利用小写字母所在的ASCII码值区间来判断单词的首字符是否是小写，如"if(ch[i]>='a'&&ch[i] <='z')"语句便能判断找到单词的首字符是否是小写。

（3）利用大小写对应ASCII码值之间的差值，可以很方便地完成大小写间的转换操作，如"ch[i]=ch[i] - 32;"语句便实现了将小写字母转换成对应的大写字母。

例 4.17 编写一个简单的密码程序。

```
#include "stdio.h"
#include "string.h"
#define SIZE 80
#define PASS "Welcome 123"
```

```
main()
{
char ch[SIZE];
int i;
puts("请输入进行本系统的密码:");
for(i=1;i<=3;i++)
{
gets(ch);
if(strcmp(ch,PASS)!=0)
    puts("密码错误,请重新输入!");
else
    break;
}
if(i<=3)
    puts("欢迎进入本系统!");
else
    puts("你不是合法用户,不能进入本系统!");
}
```

运行程序时，若输入“Welcome 123”，屏幕显示如下：

```
请输入进行本系统的密码:
Welcome 123
欢迎进入本系统!
```

运行程序时，若输入“fueir3”，屏幕显示如下：

```
请输入进行本系统的密码:
fueir3
密码错误,请重新输入!
ok487kd
密码错误,请重新输入!
7438jkd
你不是合法用户,不能进入本系统!
```

运行程序时，若输入“we ok”，屏幕显示如下：

```
请输入进行本系统的密码:
we ok
密码错误,请重新输入!
Welcome 123
欢迎进入本系统!
```

例 4.18 从键盘上输入 4 个字符串，比较它们之间的大小关系，然后按从小到大的顺序存放到二维数组中并输出。

```
#include "stdio.h"
#include "string.h"
#define   SIZE   80
main( )
{
char ch[4][SIZE],temp[SIZE];
int i,j,k;
puts("请输入四个字符串:");
for(i=0;i<4;i++)
      gets(ch[i]);
for(i=0;i<3;i++)
{
k=i;
for(j=i+1;j<4;j++)
if(strcmp(ch[j],ch[k])<0)
      k=j;
if(k!=i)
{
strcpy(temp,ch[i]);
strcpy(ch[i],ch[k]);
strcpy(ch[k],temp);
}
}
puts("字符串从小到大的顺序为:");
for(i=0;i<4;i++)
      puts(ch[i]);
}
```

运行程序时，屏幕显示如下：

```
请输入四个字符串:
we are happy
welcome
12345
We ok
字符串从小到大的顺序为:
12345
we are happy
We ok
Welcome
```

4.4　C 语言程序实训

4.4.1　实训 1：实现 4*4 阶矩阵的+、－、*运算

实现 4*4 阶矩阵的+、－、*运算，即有 4*4 阶矩阵 A,B，分别求 A+B、A－B、A*B 的结果。可以适当扩大阶数，并进行验证。

解：该题主要练习对二维数组下标的灵活应用。

```
#include<stdio.h>
#define N 4
main()
{
int a[4][4]={{1,2,3,4},{5,6,7,8},{9,10,11,12},{13,14,15,16}};
int b[4][4]={{1,5,9,13},{2,6,10,14},{3,7,11,15},{4,8,12,16}};
int c[4][4]={{0,0,0,0},{0,0,0,0},{0,0,0,0},{0,0,0,0}};
int i,j,k;
// A+B
printf("A+B\n");
//N=4;
for(i=0;i<N;i++)
{
for(j=0;j<N;j++)
{
c[i][j]=a[i][j]+b[i][j];
printf("%d",c[i][j]);
}
printf("\n");
}
printf("\n");
//A－B
printf("A－B\n");
for(i=0;i<N;i++)
{
for(j=0;j<N;j++)
{
c[i][j]=a[i][j]－b[i][j];
printf("%d",c[i][j]);
}
printf("\n");
```

```
}
printf("\n");
// A*B
printf("A*B\n");
for(i=0;i<N;i++)
{
for(j=0;j<N;j++)
{
c[i][j]=0;
for(k=0;k<N;k++)
        c[i][j]=c[i][j]+(a[i][k]*b[k][j]);
printf("%d",c[i][j]);
}
printf("\n");
}
}
```

程序运行结果为：

```
2    7    12   17
7    12   17   22
12   17   22   27
17   22   27   32

0    -3   -6   -9
3    0    -3   -6
6    3    0    -3
9    6    3    0
30   70   110  150
70   174  278  382
110  278  446  614
150  382  614  846
```

注意事项：

A*B：将 A 矩阵中的每一行与 B 矩阵中的每一列求向量和，得出相应的元素，要注意 A 与 B 下标不再是简单的对应关系。

4.4.2 实训 2：字符数组的复制与追加

若有三个字符串 s1,s2,s3，其中：sl="abcdef "；s2="123456"。要求用字符数组实现将 sl 的内容复制到 s3 中，并将 s2 的内容添加在 s3 后面的功能，最后输出字符串 s3。

解：

```
#include<stdio.h>
main()
{
char s1[]="abcdef ";
char s2[]="123456";
char s3[20];
int i,j;
i=0;
/*将 Sl 放人 S3 中*/
while(s1[i]!='\0')
{
s3[i]=s1[i];
i++;
}
/*在 S3 后添加 s2*/
j=i;
i=0;
while(s2[i]!='\0')
{
s3[j]=s2[i];
i++;
j++;
}
/*加上字符串结束符*/
s3[j]='\0';
printf("s3=%s",s3);
}
```

运行结果：

s3=abcdef123456

实训总结：

通过项目实训，巩固一维数组、二维数组、字符数组的基础知识，进一步熟悉字符串处理函数在程序设计中的运用。程序中对所有数组元素操作时，常常使用循环结构。处理一维数组的数据使用单循环语句，处理二维数组的数据常常使用双重循环语句。正确地使用数组，能编写出简洁、高效的程序。

4.5 习 题

1. 用筛选法求 100 内的素数。

2. 用选择法对 10 个整数排序。

3. 求一个 3*3 的整型矩阵对角线元素之和。

4. 将一个数组中的值逆序存放。

5. 找出一个二维数组的“鞍点”，即该位置上的元素在行上最大，在列上最小（也可能没有鞍点）。

6. 从键盘上输入三个字符串，输出长度最长的字符串。

7. 从键盘上输入一串字符，以回车换行结束输入。要求计算并输出字符个数（若输入为空格，则不计算在字符个数之内）。

8. 输入 10 个字符存放到数组中，并按从大到小的顺序输出这 10 个字符。

9. 从键盘上输入 6 个字符串并存放到一个二维数组中，测试其长度，并按长度从大到小的顺序输出这些字符串。

10. 有一行电文，已按下面规律译成密码：

A→Z　　a→z

B→Y　　b→y

C→X　　c→x

…　　　…

即第 1 个字母变成第 26 个字母，第 i 个字母变成第（26－i+1）个字母，非字母字符不变。要求编程将密码译回原文，并打印出密码和原文。

11. 打印以下图案。

```
    *
   ***
  *****
 *******
*********
```

第5章　函　数

学习要求：掌握函数的定义和调用方法；掌握形参和实参之间的传递关系；熟练掌握局部变量和全局变量的使用；掌握变量的存储类型；理解函数的嵌套调用和递归调用。

主要内容：函数是C语言程序设计中必不可少的部分，是实现程序功能的基本模块。本章介绍了函数的定义和调用、参数的传递及返回值类型、全局变量和局部变量、变量的存储类型，以及函数的嵌套调用和递归调用等。

本章源代码

当一个程序的代码比较少时，我们可以很快记住整个程序的结构。但是实际应用中，许多程序都由成千上万行代码组成。如果开发和维护这种复杂的程序，最好的办法是将整个程序分割为更容易管理的较小程序块（即模块）。C语言的程序模块称为“函数”。

函数本质上是一段可以重复调用的、功能相对独立完整的程序段。引入函数主要有两个目的：

（1）解决代码的重用问题。如果有一个程序段在程序中要出现很多次，每次都写出来会比较烦琐。此时，可以把该程序段定义成一个函数，在使用该程序段的地方直接调用该函数即可。

（2）便于进行结构化、模块化的编程。在日常生活中，人们常将复杂问题分解成若干个比较简单的问题分别求解。程序员在设计一个复杂的应用程序时也一样，他们常把整个程序划分为若干个功能较为单一的程序模块，然后分别予以实现。

在C语言程序设计中，函数是C语言程序的基本组成单位。一个C语言程序可以由一个主函数和若干个其他函数构成。由主函数调用其他函数，其他函数之间也可以互相调用。下面先举一个函数调用的简单例子。

例 5.1　用函数 square()计算 1 到 10 之间所有整数的平方。

```
#include <stdio.h>
int square(int);                /*函数原型*/
main()
{
int x;
for(x=1;x<=10;x++)
printf("%d  ",square(x)) ; /*调用 square 函数*/
printf("\n");
```

```
return 0;
}
/*函数定义*/
int square(int y)
{
return y*y;
}
```

运行情况如下：

1　4　9　16　25　36　49　64　81　100

说明：

（1）C 语言程序的执行从 main()函数开始，调用其他函数后再返回到 main()函数，在 main()函数中结束整个程序的运行。main()函数是系统定义的。

（2）所有函数都是平行的，即在定义函数时是互相独立的，一个函数并不从属于另一个函数，即函数不能嵌套定义。函数间可以互相调用，但不能调用 main()函数。

（3）从用户使用的角度看，函数有两种：

① 标准函数，即库函数。这是由系统提供的，用户不必自己定义这些函数，可以直接使用他们。不同的 C 语言编译系统提供的库函数是不同的，但有一些基本函数是通用的。

② 用户自定义函数。这种函数由用户自行定义，用于完成用户指定的功能。

（4）从函数的形式看，函数分为两类：

① 无参函数。在调用无参函数时，主调函数并不将数据传送给被调函数，一般用来执行指定的一组操作，且一般不需要带回函数返回值。

② 有参函数。在调用函数时，主调函数和被调函数之间有数据传递，如例 5.1 中的函数 square()就是有参函数（有一个参数 y）。

5.1　函数的定义

5.1.1　无参函数的定义

无参函数的定义形式：

```
函数类型说明　函数名（）
{
  声明部分
  执行语句
}
```

其中，“函数类型说明”用以指定函数执行后的返回值的类型。例如：

```
print_message()
{
  printf("Hello World!\n");
```

}

这是一个简单的无参函数，函数名为 print_message，用来在屏幕上输出“Hello World!”。因为不需要带回返回值，所以可以不写返回类型。

5.1.2 有参函数的定义

有参函数定义的一般形式：

```
函数类型说明　函数名(参数列表)
{
  声明部分
  执行语句
}
```

例如：

```
int max(int x,int y)
{
  int z;                /*声明部分*/
  z=x>y? x:y;
  return(z);
}
```

这是一个求 x 和 y 两个数中较大数的函数。第一行 int max(int x,int y)中的关键字 int 表示函数值是整型的，max 为函数名，括号中两个形式参数 x 和 y 都是整型的。在调用此函数时，主调函数把实际参数的值传递给被调用函数中的形式参数 x 和 y。花括弧内是函数体，它包括声明部分和执行语句部分；在声明部分定义所用的变量；在函数体的语句中求出 z 的值（x 与 y 中的较大者）；return(z)的作用是将 z 的值作为函数的返回值带回到主调函数中。在函数定义时通过函数类型说明已经指定函数 max()的返回值为整型，在函数体中定义 z 为整型，二者是一致的，即将 z 作为函数 max()的返回值带回主调函数中。

如果在定义函数的时候不指明函数的类型，那么系统会默认函数为 int 型，所以上面定义的 max 函数左端的 int 可以省略（尽管省略掉的返回值类型默认为 int 类型，但是明确的说明返回值类型总是一种良好的编程习惯）。

5.1.3 空函数

在 C 语言的函数定义中允许有“空函数”，即函数定义的各个部分都可以省略。最简单的函数结构如下：

```
函数类型说明 函数名（ ）
{ }
```

例如：

```
dummy(){}
```

这个函数什么也不做，什么也不返回，不做任何操作。像这种什么也不做的函数有时很有用，它可以在程序开发期间用做占位符，先占一个位置，以后再用编好的函数来代替它或者等以后扩充函数功能时补充上。

5.1.4　形参的声明方式

我们先来看一个函数定义的代码段：

```
float max(float x,float y)
{
float z;
z=x>y? x:y;
return(z);
}
```

在这个函数定义的第一行 float max(float x,float y)的圆括号中，float x 和 float y 分别声明了两个浮点型的形参 x 和 y。

需要注意的是：

（1）如果多个形参都是同一类型的话，应分别对各个参数进行类型的说明，而不能写成类似 float x,y 这种形式。因为默认的参数类型是 int 类型，所以参数声明 float x,y 实际上使得 y 成为 int 类型的参数（float 只修饰 x，不修饰 y）。

（2）在函数定义的时候已经声明了形参的类型，如果在函数内部把函数参数再次定义为局部变量是一种语法错误。

5.2　参数传递与返回值

5.2.1　参数的传递规则

大多数情况下，在调用函数时，主调函数和被调函数之间有数据的传递关系。在 5.1.2 节中已经提到了形式参数和实际参数的概念：在定义函数时函数名后面的参数称为“形式参数”（简称“形参”），在主调函数中调用一个函数时，函数名后面的参数（可以为一个表达式）称为“实际参数”（简称“实参”）。C 语言提供了两种参数传递方式：按值传递和按地址传递。

1．按值传递

按值传递：调用时，主调函数把实参的值传给被调函数的形参，形参的变化不会改变实参的值，这是一种单向的数据传递方式。

当实参是变量名、常数、表达式或数组元素，而形式参数是变量时，参数传递方式采用的是“按值传递”的方式。我们通过下面的示例来说明按值传递方式中参数在函数之间的传递。

例 5.2　给出函数 power(m,n)的定义及调用它的主程序（power(m,n)函数用于计算整数 m 的正整数次幂 n，如 power(2,5)的值为 32）。

```
#include <stdio.h>
```

```
int power(int m,int n);              /* 函数原型 */
main()
{
int i,x,y;
x=2;
y= – 3;
for(i=0;i<10;++i)
     printf("%d %d %d\n",i,power(x,i),power(y,i)); /*对 power 函数的调用*/
return 0;                                          /* x,i 和 y,i 为实参 */
}
/* 函数的定义：求底的 n 次幂；n>=0 */
int power(int m,int n)     /* power 函数为被调函数，m 和 n 为形参 */
{
int i,p;
p=1;
for(i=1;i<=n;++i)
     p=p*m;
return p;
}
```

说明：

例 5.2 中，main()函数在 printf 语句中两次调用了函数 power()：

printf("%d %d %d\n",i,power(x,i),power(y,i));

我们以第一次调用（即 power(x,i)）为例，在第一次调用中，x 和 i 分别复制了一份值传递给被调函数 power()的形参 m 和 n，然后在被调函数中进行数据的处理，最后把计算的结果传回给调用它的 main 函数中的 printf()函数。

说明：

（1）定义函数时，定义的形参并不占用实际的存储单元，只有在被调用时系统才给它分配存储单元，在调用结束后，形参所占用的存储单元被释放。

（2）实参的个数与类型应与形参一致，否则将会出现编译错误。

（3）C 语言规定，函数间的参数传递是“按值传递”（即单向传递）时，实参可以把值传给形参，但形参的值不能传给实参，也就是说对形参的修改不会影响对应的实参。这是由于在内存中，实参与形参是不同的存储单元，如图 5.1 所示。

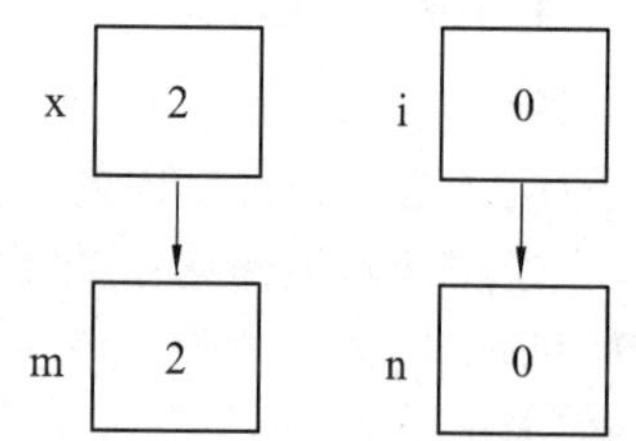

图 5.1　实参与形参传递示意图

2. 按地址传递

按地址传递：函数调用时，主调函数把实参的地址传给被调函数的形参。由于传递的是地址，使得形参与实参共享同一存储单元中的数据，这样通过形参可以直接引用或处理该地址中的数据。

当数组名作为函数参数时，函数传递数据方式采用的是“按地址传递”的方式，但要求形参和相对应的实参都必须是类型相同的数组。我们通过下面的例子来说明按地址传递方式中参数在函数之间的传递。

例 5.3 顺序查找。顺序查找是把给定的值与这组数据中的每个值顺序比较。如果找到，就输出这个值的位置；如果找不到则返回一个查找失败的信息。下面是顺序查找的程序。

```
/* 在一组数据中查找给定数据的位置 */
#define SIZE 10
main()
{
 int d[SIZE],key,i,index;
printf("Input %d numbers.\n",SIZE);
for(i=0;i<SIZE;i++)
scanf("%d",&d[i]);
printf("Input a key you want to search.\n");
scanf("%d",&key);
index=seq_search(d,SIZE,key);                /* 数组名作为函数实参 */
if(index>=0)
     printf("The index of the key is %d\n",index);
else
     printf("Not found.\n");
}
/* 求给定值 key 的位置，找到则返回其下标，找不到返回 - 1 */
int seq_search(int v[],int n,int key)        /* v[]为数组参数 */
{
int i;
for(i=0;i<n;i++)         /* n 为数组元素个数 */
if(key==v[i])         /* key 为待查的值 */
return(i);           /* 返回下标 */
return( - 1);              /* 找不到 */
}
```

运行结果：

```
Input 10 numbers.
9  5  7  11  2  3  0  10  8  1
Input a key you want to search. 3
The index of the key is 5
```

本程序中使用了一个数组名作为参数。函数 seq_search()中形参 v 没有指定数组的长度，要处理的元素的个数由其后所跟的参数 n 决定，当然也可以把形参 v 声明为

```
int v[SIZE];
```

但这样在实际应用中并不方便，它使函数 seq_search()依赖于具体问题，失去了通用性，

所以最好是按程序中那样来写。

C 语言中规定，一个数组名代表存放那个数组的内存首地址，所以它实际上是一个地址值。那么传递一个地址值对程序会造成什么影响呢？假定数组 d 的首地址是 2000，则数组 d 的各元素值顺序地存放在从 2000 开始的存储单元中，如图 5.2 所示。

图 5.2 数组 d 的存储形式

当函数 seq_search 被调用时，将实参 d 的首地址传给形参 v，于是数组 v 的首地址也变为 2000，各元素放置在以 2000 开始的地址空间中，这样两个数组就共占一段内存单元。如图 5.3 所示。

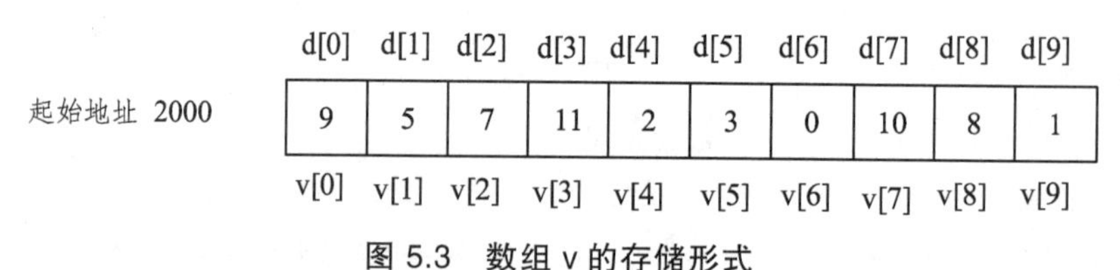

图 5.3 数组 v 的存储形式

这样一来，形参数组中元素值的改变就会反过来影响到实参数组。这一点与变量做函数参数的情况是完全不一样的。我们在程序设计的过程中可以利用这个特点来改变实参数组元素的值（如数组的排序）。

5.2.2 函数返回值

通常，函数调用结束后会把控制权从函数返回到函数调用点。如果函数没有返回值，返回控制权是很简单的，即执行到函数结束的右花括号或通过执行如下语句交回控制权：

return;

如果函数有返回值，如语句：

return 表达式;

此时将把表达式的值返回给调用者。

说明：

（1）既然函数有返回值，这个值就应属于某一个确定的类型，应当在定义函数时指定函数值的类型。C 语言规定，凡不加类型说明的函数，其函数返回值类型一律自动按整型处理。

（2）如果函数值的类型和 return 语句中表达式的值不一致，则以函数类型为准，即函数类型决定返回值类型。

（3）若函数未加类型说明符，函数中也没有 return 语句，则该函数被调用时，仍会带回一个返回值，只不过这是一个不确定的值。为了明确表示“不带返回值”，可以用“void”定义函数为“无类型”（或称“空类型”）。例如：

```
void print_message()
{
  printf("Hello World!\n");
```

}

这样，系统就保证不使函数返回任何值。为使程序减少出错，保证正确调用，凡不需要带回返回值的函数，一般应定义函数类型为 void 类型。

5.2.3　函数的调用

1．函数调用形式

函数调用的一般形式为：

函数名（实参列表）；

如果是调用无参函数，则“实参列表”可以省略，但括号一定不能省略。如果“实参列表”包含多个参数，则各参数间用逗号隔开，实参与形参按顺序一一对应，实参与形参的个数相等，类型一致。

2．函数调用的方式

按函数在程序中出现的位置来分，函数的调用方式大致有如下三种：

（1）函数语句。此时把函数调用作为一个语句，不要求函数带回返回值，只要求函数完成一定的操作。例如：

print_message();

（2）函数表达式。此时函数出现在一个表达式中，要求函数带回一个确定的返回值以参加表达式运算。例如：

y= square(x);

（3）函数参数。此时，函数调用作为另一个函数的实参。例如：

litter=min(x,min(y,z));

其中 min(y,z)是一次函数调用，它的值作为函数 min()另一次调用的实参。

3．对被调用函数的声明和函数原型

在一个函数中调用另一个函数（即被调用函数）需要具备如下条件：

（1）首先被调用的函数必须是已经存在的函数（库函数或用户自定义的函数）。

（2）如果是调用库函数，一般还应该在程序开头用#include 命令将所需用到的信息“包含”到本文件中。

（3）如果使用用户自己定义的函数，则最好是在主函数中对被调用函数进行声明，即向编译系统声明将要调用此函数，并将相关信息通知编译系统（如例 5.2 中以函数原型声明 power()函数）。

（4）函数的“声明”与函数的“定义”不是一回事。函数的“定义”是指对函数功能的确立，包括指定函数名、函数值类型、形参及其类型、函数体等，它是一个完整的、独立的函数单位。而函数的“声明”则是将函数的名字、函数类型、形参的类型及个数、顺序通知编译系统，以便在调用该函数时系统按此进行对照检查（如函数名是否正确、实参和形参类型及个数是否一致）。从形式上看，函数的声明与函数定义中的第 1 行（函数首部）基本相同，所以在函数声明时，可以将函数定义的首部照写一遍再加一个分号即可。

在 C 语言中，以函数首部声明函数的形式称为函数原型。使用函数原型是 C 语言的一个

重要特征，主要作用是利用它在程序的编译阶段对调用函数的合法性进行全面检查。函数原型的一般形式为：

① 函数类型　函数名（参数类型 1，参数类型 2……）

② 函数类型　函数名（参数类型 1 参数名 1，参数类型 2 参数名 2……）

第①种形式是基本形式，为了便于阅读程序，也允许在函数原型中增加参数名，也就是第②种形式。但是，编译系统不检查参数名，因此参数名加与不加都不太重要。

5.3 数组作为函数参数

前面我们介绍了可以用变量作函数参数。除此之外，数组也可以作为函数的参数使用，进行数据传送。数组用作函数参数有两种形式：一种是把数组元素（下标变量）作为实参使用，其用法与普通变量相同；另一种是把数组名作为函数的形参和实参使用，其传递的是整个数组。

5.3.1 数组元素作为函数参数

数组元素就是下标变量，它与普通变量并无区别。因此，数组元素作为函数实参使用时与普通变量是完全相同的。在发生函数调用时，程序把作为实参的数组元素的值传送给形参，实现单向的传送，即“值传送”方式。

例 5.4 判断一个整数数组中各元素的值，若大于 0 则输出该值，若小于等于 0 则输出 0 值。编程如下：

```
void nzp(int v)
{
if(v>0)
     printf(“%d”,v);
else
     printf(“%d”,0);
}
main()
{
int a[5],i;
printf(“input 5 numbers\n”);
for(i=0;i<5;i++)
{
scanf(“%d”,&a[i]);
nzp(a[i]);
}
}
```

本程序首先定义了一个无返回值函数 nzp()，并说明其形参 v 为整型变量，在函数体中根据 v 值输出相应的结果。在 main()函数中用一个 for 语句输入数组各元素，每输入一个元素就以该元素作实参调用一次 nzp()函数，即把 a[i]的值传送给形参 v 供 nzp()函数使用。

5.3.2 数组名作为函数参数

用数组名作函数参数时，实参与形参都应用数组名。

例 5.5 数组 a 中存放了一个学生 5 门课程的成绩，求平均成绩。

```
float aver(float a[5])
{
int i;
float av,s=a[0];
for(i=1;i<5;i++)
     s=s+a[i];
av=s/5;
return av;
}
void main()
{
float sco[5],av;
int i;
printf("\ninput 5 scores:\n");
for(i=0;i<5;i++)
     scanf("%f ",&sco[i]);
av=aver(sco);
printf("average score is %5.2f ",av);
}
```

本程序首先定义了一个实型函数 aver(),有一个形参为实型数组 a,长度为 5。在函数 aver()中，把各元素值相加求出平均值并返回给主函数。主函数 main()中首先完成数组 sco 的输入，然后以 sco 为实参调用 aver()函数，函数返回值送 av，最后输出 av 值。从运行情况可以看出，该程序实现了所要求的功能。

前面已经讨论过，在变量作函数参数时，所进行的值传送是单向的（即只能从实参传向形参，不能从形参传回实参）。形参的初值和实参相同，而形参的值发生改变后，实参并不变化，两者的终值是不同的。

而当用数组名作函数参数时，情况则不同。由于实际上形参和实参为同一数组，因此当形参数组发生变化时，实参数组也随之变化。当然这种情况不能理解为发生了“双向”的值传递。但从实际情况来看，调用函数之后实参数组的值将随着形参数组值的变化而变化。

形参数组和实参数组的长度可以不相同，因为在调用时程序只传送首地址而不检查形参数组的长度。当形参数组的长度与实参数组不一致时，虽不至于出现语法错误（编译能通过），但程序执行结果将与实际不符，这是应予以注意的。

例 5.6 把例 5.5 程序中的形参数组与实参数组的长度修改为一致，并重写程序。

```
float aver(float a[8])
{
int i;
float av,s=a[0];
for(i=1;i<8;i++)
      s=s+a[i];
av=s/8;
return av;
}
void main()
{
float sco[5],av;
int i;
printf("\ninput 5 scores:\n");
for(i=0;i<5;i++)
      scanf("%f ",&sco[i]);
av=aver(sco);
printf("average score is %5.2f ",av);
}
```

本程序与例 5.5 程序相比，aver()函数的形参数组长度改为 8，而在函数体中，for 语句的循环条件也改为 i<8。因此，形参数组 a 和实参数组 sco 的长度不一致。编译能够通过，但从结果看，数组 a 的元素 a[5]，a[6]，a[7]数值将会导致程序运行出现错误结果。

在函数形参表中，允许不给出形参数组的长度，或用一个变量来表示数组元素的个数。例如，函数声明可以写为：

```
void aver(int a[])
```

或

```
void aver(int a[]，int n)
```

其中，形参数组 a 没有给出长度，而由 n 的值动态地表示数组的长度。n 的值由主调函数的实参进行传送。由此，例 5.5 又可改为例 5.7 的形式。

例 5.7 把例 5.5 程序中的函数的形参数组不指定长度，并改写程序。

```
float aver(float a[ ],int n)
{
int i;
float av,s=a[0];
for(i=1;i<n;i++)
      s=s+a[i];
av=s/n;
```

```
return av;
}
void main()
{
float sco[5],av;
int i;
printf("\ninput 5 scores:\n");
for(i=0;i<5;i++)
      scanf("%f ",&sco[i]);
av=aver(sco,5);
printf("average score is %5.2f ",av);
}
```

本程序 aver()函数形参数组 a 没有给出长度，而由 n 动态确定该长度。在 main()函数中，函数调用语句为 aver(sco，5)，其中实参 5 将赋值给形参 n 作为形参数组的长度。

多维数组也可以作为函数的参数。在函数定义时，形参数组可以指定每一维的长度，也可省去第一维的长度。因此，以下写法都是合法的。

int MA(int a[3][10])

或

int MA(int a[][10])。

5.4 局部变量与全局变量

在讨论函数的形参变量时曾经提到，形参变量只在被调用期间才分配内存单元，调用结束立即释放。这一点表明形参变量只有在函数内才是有效的，离开该函数就不能再使用了。这种变量有效性的范围称变量的作用域。这种情况不仅仅是针对形参变量，C 语言中所有的量都有自己的作用域。变量说明的方式不同，其作用域也不同。C 语言中的变量按作用域范围可分为两种：局部变量和全局变量。

5.4.1 局部变量

局部变量也称为内部变量。局部变量是在函数内定义说明的，其作用域仅限于函数内，离开该函数后再使用这种变量是非法的。例如：

```
int f1(int a)        /*函数 f1*/
{
int b,c;
…
}
a,b,c 有效
```

```
int f2(int x)              /*函数 f2*/
{
int y,z;
…
}
x,y,z 有效
main()
{
int m,n;
…
}
m,n 有效
```

说明：

（1）在函数 f1()函数内定义了三个变量：a 为形参，b,c 为一般变量。在 f1()函数的范围内 a,b,c 有效，或者说 a,b,c 变量的作用域限于 f1()内。同理，x,y,z 的作用域限于 f2()函数内，m,n 的作用域限于 main()函数内。

（2）主函数中定义的变量也只能在主函数中使用，不能在其他函数中使用。同时，主函数中也不能使用其他函数中定义的变量。主函数也是一个函数，它与其他函数是平行关系。这一点是与其他语言不同的，应予以注意。

（3）形参变量也是局部变量。例如 f1()函数中的形参 a，也只在 f1()函数中有效，其他函数不能调用。

（4）允许在不同的函数中使用相同的变量名，它们代表不同的对象，分配不同的存储单元，互不干扰，也不会发生混淆。

（5）在一个函数内部，可以在复合语句中定义变量，其作用域只在复合语句范围内。例如：

```
main()
{
int s,a;
…
{
int b;
s=a+b;
…                        /*b 作用域*/
}
…                          /*s,a 作用域*/
}
```

例 5.8　同一函数内不同作用域的变量

```
main()
{
```

```
int i=2,j=3,k;
k=i+j;
{
int k=8;
printf("%d\n",k);
}
printf("%d\n",k);
}
```

本程序在 main()函数中定义了 i,j,k 三个变量，其中 k 未赋初值。而在复合语句内又定义了一个变量 k，并赋初值为 8。应该注意这两个 k 不是同一个变量：在复合语句外由 main()函数定义的 k 起作用，而在复合语句内则由在复合语句内定义的 k 起作用。因此，程序第 4 行的 k 为 main()函数所定义，其值应为 5；第 7 行输出 k 值，该行在复合语句内，由复合语句内定义的 k 起作用，其初值为 8，故输出值为 8；第 9 行输出 k 值，而第 9 行已在复合语句之外，输出的 k 应为 main()函数所定义的 k，此 k 值由第 4 行已获得为 5，故输出也为 5。

5.4.2 全局变量

全局变量也称为外部变量，它是在函数外部定义的变量。全局变量不属于哪一个函数，它属于整个源程序文件。其作用域是从定义变量的位置开始，到本程序文件结束。在函数中使用全局变量，一般应作全局变量说明。只有在函数内经过说明的全局变量才能使用，全局变量的说明符为 extern。但在一个函数之前定义的全局变量，在该函数内使用可不再加以说明。例如：

```
int a,b;            /*外部变量*/
void f1()           /*函数 f1*/
{
…
}
float x,y;          /*外部变量*/
int fz()            /*函数 fz*/
{
…
}
main()              /*主函数*/
{
…
}
```

从上例可以看出 a,b,x,y 都是在函数外部定义的外部变量，都是全局变量。但 x,y 定义在函数 f1()之后，而在函数 f1()内又无对 x,y 的说明，所以它们在函数 f1()内无效。a,b 定义在源程序最前面，因此在函数 f1(),f2()及 main()函数内不加说明也可使用。

例 5.9 输入正方体的长宽高 l,w,h，求正方体的体积及三个面 x*y,x*z,y*z 的面积。

```
int s1,s2,s3;
int vs( int a,int b,int c)
{
int v;
v=a*b*c;
s1=a*b;
s2=b*c;
s3=a*c;
return v;
}
main()
{
int v,l,w,h;
printf("\ninput length,width and height\n");
scanf("%d%d%d",&l,&w,&h);
v=vs(l,w,h);
printf("\nv=%d,s1=%d,s2=%d,s3=%d\n",v,s1,s2,s3);
}
```

例 5.10 外部变量与局部变量同名。

```
int a=3,b=5;        /*a,b 为外部变量*/
max(int a,int b)    /*a,b 为外部变量*/
{
int c;
c=a>b?a:b;
return(c);
}
main()
{
int a=8;
printf("%d\n",max(a,b));
}
```

如果同一个源程序文件中，外部变量与局部变量同名，则在局部变量的作用范围内，局部变量有效，外部变量被“屏蔽”（即它不起作用）。

建议不在必要时不要使用全局变量，因为：

（1）全局变量在程序的全部执行过程中都占用存储单元，而不是仅在需要时才开辟存储单元。

（2）全局变量使函数的通用性降低，因为函数在执行时要依赖于其所在的外部变量。如果将一个函数移到另一个文件中，还必须将有关的外部变量及其值一起移过去。当该外部变量与其他文件的变量同名时，就会出现问题，降低了程序的可靠性和通用性。在程序设计中，在划分模块时要求模块的“内聚性”强，与其他模块的“耦合性”弱，即独立性强关联性弱。

（3）使用全局变量过多，会降低程序的清晰性，人们往往难以清楚地判断出每个瞬时各个外部变量的值。

5.5 变量的存储属性

在C语言中，每一个变量或函数都具有两个属性——类型和存储类型：类型规定了它们的取值范围和可参与的运算；存储类则规定它们以何种方式存储，以及它们在什么范围内是可见的（即所谓的作用域）。

C语言的存储类型分为四种：

auto 自动的
static 静态的
register 寄存器的
extern 外部的

5.5.1 auto变量

C语言中自动存储变量使用得最多。在前面的例子中，除了在讨论数组初始化时定义过带有static的数组外，其余变量都是自动变量。C语言规定，在函数（或分程序）内定义的变量只要不加存储类说明，都默认为自动变量。当然你也可以不使用缺省形式，而是直接写出auto。例如：

```
main()
{
auto int i,j;
auto float a,b;
auto char c;
…
}
```

它就等价于

```
main()
{
int i,j;
float a,b;
char c;
…
}
```

存储类型说明auto一般被省略。

自动变量的存储空间是这样分配的：当进入一个函数（或分程序）时，系统自动地为该函数（或分程序）定义的自动变量分配存储空间。这样，在这个函数（或分程序）中，这些变量是可以访问的。当函数（或分程序）执行完毕后，自动变量所占的存储空间被系统自动回收（或者说被自动释放），因此这些变量就不再存在。当下次再调用该函数（或分程序）时，系统再为这些变量分配存储空间。由于这种变量随函数（或分程序）的运行而产生，随函数（或分程序）的执行完毕而消失，因此才把它们叫做自动变量。

5.5.2 static 变量

在变量名及其类型之前加上关键字 static，就规定该变量的存储类型为静态的。一个静态变量的存储形式是这样的：当第一次调用该变量所在的函数时，系统为它分配存储单元，当程序从函数退出时，并不释放静态变量所占的存储单元，其值也仍然保留，下次再调用时，静态变量仍拥有上次调用时留下的值。

例 5.11 一个静态变量和自动变量比较的程序。

```
main()
{
void auto_static();
int i;
for(i=0;i<5;i++)
    auto_static();
}
void auto_static()
{
int auto_var=0;
static int static_var=0;
printf("auto_var=%d,static_var=%d\n",auto_var,static_var);
auto_var++;
static_var++;
}
```

运行结果：

```
auto_var=0,static_var=0
auto_var=0,static_var=1
auto_var=0,static_var=2
auto_var=0,static_var=3
auto_var=0,static_var=4
```

上例中，main()函数共 5 次调用了 auto_static()函数，每次调用时自动变量 auto_var 都输出 0 值，这是因为每次调用时系统都给 auto_var 分配存储单元并赋初值 0。虽然语句“auto_var++;”使 auto_var 增加到 1，但 auto_static()运行结束时，分配给 auto_var 的存储单元就被释放，下次还是重新开始，而 static_var 只是在第一次被调用时才分配给存储单元并赋初值 0，语句“static_var++;”使 static_var 增加了 1。当 auto_static()结束运行时，static_var 的值仍然保留，再次调用 auto_static()函数时，系统不再为它重新分配存储空间并赋初值，而是采用以前留下的值，因此 static_var 的值每次调用都会增加 1。

5.5.3　register 变量

计算机中只有寄存器中的数据才能够直接参加运算，而一般变量是放在内存中的。变量参加运算时，需要先把变量的值从内存中取到寄存器中再进行计算，再把计算结果回放到内存中去。为了减少内存访问，提高运算速度，C 语言允许定义所谓寄存器变量，即希望用寄存器来做变量的存储单元，这可用关键字 register 来声明，例如：

```
register i;
```

寄存器变量只能在函数中定义，并且只能是 int 或 char 型。一般只有使用最频繁的变量才定义成寄存器变量（如循环控制变量等）。所以寄存器变量经常以下面的形式出现：

```
{
  register int i;
  for(i=0;i<n;i++)
    {
      …
}
}
```

需要说明的是，计算机中可供寄存器变量使用的寄存器数量很少，有些机器甚至根本不允许变量在寄存器中存储。当系统没有足够的寄存器时，register 类的变量就会当做 auto 类来处理。

5.5.4　extern 变量

任何在函数外部定义的变量都是外部变量。此外，外部存储类型也适用于函数，C 语言规定，所有函数都是外部的。也就是说，函数只能定义在其他任何函数之外，而不允许函数定义中再出现函数定义。

外部变量的作用域可以是整个程序。一般来讲，如果没有特殊说明，外部变量的作用域是从定义处到本文件结束。在函数外说明了某些变量后，后面所有函数都可以对它们进行访问，外部变量的值在整个程序运行期间一直保存。

例 5.12　外部变量的使用。

```
int i=1;
main()
{
void f();
printf("%d\n",++i);
f();
```

```
}
void f()
{
printf("%d\n",++i);
}
```

运行结果：

2

3

说明：由于 i 在所有函数之外定义，因此它是一个外部变量。在主函数 main()中引用了 i，先把它加 1，然后输出值 2，在函数 f()中又一次访问它，再做加 1 运算后再输出值 3。这里我们可以看出，外部变量的作用域不限于一个函数，在任何一个函数中改变变量的值，都将影响到其后使用它的函数。

我们也可以在引用外部变量的函数中再使用存储类型说明符 extern 来说明。我们把例 5.12 稍加改动：

```
int i=1;
main()
{
void f();
extern int i;
printf("%d\n",++i);
f();
}
void f()
{
extern int i;
printf("%d\n",++i);
}
```

存储类型标识符 extern 告诉系统，变量类型和名字已在别处定义过了，这里的

```
extern int i;
```

只是说明一下 i 是外部变量。如果外部变量的定义在使用之前，不用 extern 说明也可以；但如果定义在使用后面，说明就是不可缺少的了（就像非整型函数）。

最后应说明的是，外部变量提供了一种在函数间自由传递数据的机制，为编写程序带来了一些方便。但是，外部变量也有很大的副作用，它破坏了函数的封闭性，使程序的控制复杂起来。所以，除非必要，一般不建议过多使用外部变量。

5.6 函数的嵌套调用

C 语言中所有函数的定义都是平行的，也就是说，不能在函数定义中再定义其他函数。但是 C 语言允许在函数定义中再调用其他函数（比如说函数 a 调用函数 b，而函数 b 又调用函数 c），这就是函数的嵌套调用。

例 5.13 计算 $2^2!+3^2!+4^2!$。

本例可编写两个函数，一个是用来计算平方值的函数 f1()，另一个是用来计算阶乘值的函数 f2()。

```
long f1(int p)
{
int k;
long r;
long f2(int);
k=p*p;
r=f2(k);
return r;
}
long f2(int q)
{
long c=1;
int i;
for(i=1;i<=q;i++)
c=c*i;
return c;
}
main()
{
int i;long s=0;
for(i=2;i<=4;i++)
s=s+f1(i);
printf("\ns=%ld\n",s);
}
```

在本程序中，主函数 main()先调用 f1()函数计算出平方值；再在 f1()函数中以平方值为实参，调用 f2()函数计算其阶乘值；然后返回 f1()函数，再返回主函数。这种函数调用套函数调用的结构如图 5.4 所示。

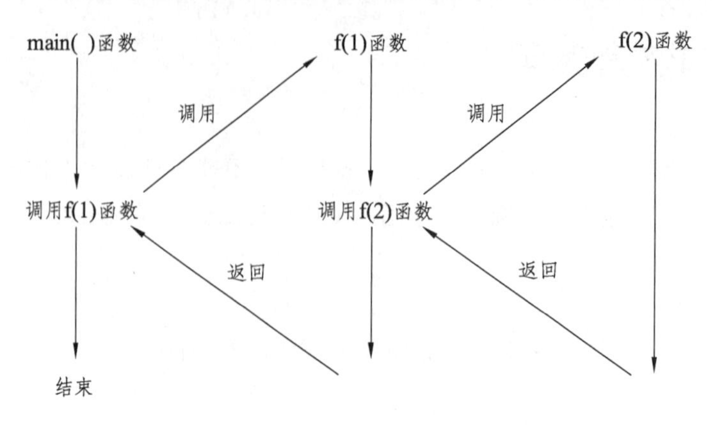

图 5.4 函数的嵌套调用

函数的嵌套调用使程序形成了一种自顶向下树型结构，如图 5.5 所示。

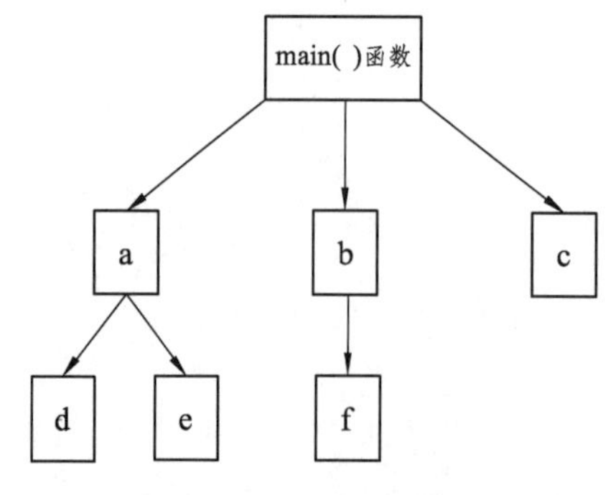

图 5.5 程序的树型结构

也就是说，C 程序总是从 main()函数开始执行，在 main()函数中往往需要调用其他函数，而这些函数又可以调用另一些函数。通过这样的形式，我们可以用自顶向下，逐步求解的方法编写程序：在顶层只考虑做什么，在需要的地方写一个函数调用，而把函数实现放到。同样在定义一个被调函数时也采用同样的办法，把更细的实现放到更下层的函数中，直到一个函数只完成简单、单一的功能为止。这种结构的程序更易于阅读理解，更容易保证正确性，也更容易维护和修改。一个 C 语言程序通常不是由少数几个大函数组成，而是由许许多多小函数组成。

5.7 递归函数

至今为止，我们所用到的函数调用都是用一个函数调用另一个函数。在某些问题中，可以用调用函数自身的方式来解决问题。在一个函数中直接或间接地调用该函数自身的方式称做函数的递归调用。C 语言支持函数的递归调用。

递归的概念在我们的自然生活中并不陌生。在我们小的时候大多都听过这样一个古老而有趣的故事：从前有座山，山里有座庙，庙里有个老和尚在讲故事，讲的是：从前有座山，山里有座庙……讲的故事又是其自身，这就相当于递归。你也许还见过这样一种杂志的封面，封面上面有个模特，模特手里又拿着这本杂志本身，当然拿着的杂志的封面又是这个模特……这也是递归的例子。在数学中，更是有许多函数采用递归的定义形式。例如，我们可能见到过的 fibonacci（斐波那契）数列。

例 5.14　求阶乘。

```
main()
{
long fact();
int i;
for(i=0;i<=10;i++)
printf("%2d!=%1d\n",i,fact(i));
}
/* 用递归方法求 n 的阶乘 */
long fact(int n)
{
long result;
if(n==0)
    result=1;
else
    result=n*fact(n - 1);   /* 递归调用 */
return(result);
}
```

运行结果

```
0!=1
1!=1
2!=2
3!=6
4!=24
5!=120
6!=720
7!=6040
8!=40320
9!=362880
10!=3628800
```

函数 fact()包含了对其自身的调用，因此 fact()是一个递归函数。现在让我们通过求 3!来看一看这个递归函数的执行过程。

由于 $3 \neq 0$，所以执行 else 后面的语句

result=n*fact(n – 1);

也就是

result=3*fact(2);

这里再次调用了 fact()函数，参数值为 2，由于 2≠0，所以执行

result=2*fact(1);

还是要调用 fact()函数，这时参数值为 1，由于 1≠0，继续执行 else 后面的语句

result=1*fact(0);

这次调用 fact()时，参数值为 0，所以执行

result=1;

然后将 result 的值返回调用处，这样上一次的调用语句

result = 1*fact(0);

就变成了

result=1*1;

计算出 result 值后，将其值（也就是 fact(1)的值）返回到调用处，于是

result = 2*fact(1);

成为

result=2*1;

将其值做为 fact(2)的值返回到调用处，

result=3*fact(2);

变为

result=3*2;

这样最终得到了 fact(3)的值 6，并将其返回主函数 main()中输出。

归纳起来，fact(3)的求值过程相当于

```
fact(3)=3*fact(2)
       =3*2*fact(1)
       =3*2*1*fact(0)
       =3*2*1*1
       =6
```

fact(3)求解时的函数调用情况如图 5.6 所示。

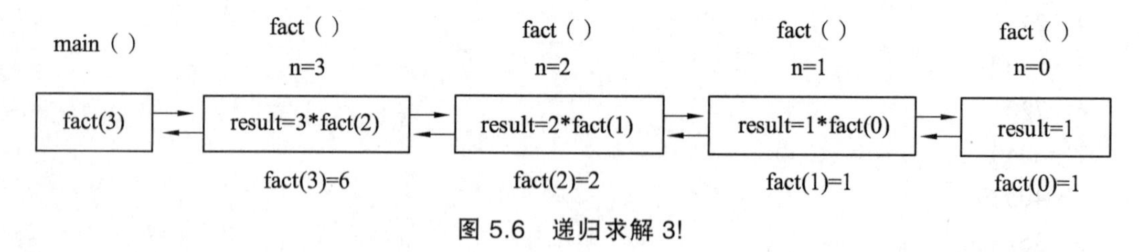

图 5.6　递归求解 3!

5.8　C 语言程序实训

5.8.1　实训 1：职工信息输入与查询

写几个函数：（1）输入 10 个职工的姓名和职工号；（2）按职工号由小到大的顺序排序，

姓名顺序也随之调整；（3）要求输入一个职工号，用折半查找法找出该职工的姓名，从主函数输入要查找的职工号，输出该职工姓名。

解：

```
#include <stdio.h>
#include <string.h>
#define N 10
int main()
{
void input(int num[],char name[][8]);
void sort(int num[],char name[][8]);
void search(int x,int gh[],char name[][8]);
int num[N],number,flag=1,c;
char name[N][8];
input(num,name);
sort(num,name);
while (flag==1)
{
printf("\ninput number to look for:");
scanf("%d",&number);
search(number,num,name);
printf("continue or not(Y/N)?");
getchar();
c=getchar();
if (c=='N'||c=='n')
flag=0;
}
return 0;
}
void input(int num[],char name[N][8])
{
int i;
for (i=0;i<N;i++)
{
printf("input NO.:");
scanf("%d",&num[i]);
printf("input name:");
getchar();
gets(name[i]);
}
```

```
}
void sort(int num[],char name[N][8])
{
int i,j,min,templ;
char temp2[8];
for (i=0;i<N - 1;i++)
{
min=i;
for (j=i;j<N;j++)
      if (num[min]>num[j])
      min=j;
templ=num[i];
strcpy(temp2,name[i]);
num[i]=num[min];
strcpy (name[i],name[min]);
num[min]=templ;
strcpy(name[min],temp2);
}
printf("\n result:\n");
for (i=0;i<N;i++)
      printf("\n %5d%10s",num[i],name[i]);
}
void search(int n,int num[],char name[N][8])
{
int top,bott,mid,loca,sign;
top=0;
bott=N - 1;
loca=0;
sign=1;
if ((n<num[0])||(n>num[N - 1]))
      loca= - 1;
else
      while((sign==1) && (top<=bott))
{
      mid=(bott+top)/2;
if (n==num[mid])
{
loca=mid;
printf("NO. %d , his name is %s.\n",n,name[loca]);
```

```
sign= - 1;
}
else if (n<num[mid])
      bott=mid -1;
            else
                  top=mid+1;
}
if (sign==1 || loca== -1)
            printf("%d not been found.\n",n);
}
```

5.8.2 实训2：计算某日是该年的第n天

根据给出的年、月、日，计算该日是该年的第n天。

解：

```
#include <stdio.h>
int main()
{
int sum_day(int month,int day);
int leap(int year);
int year,month,day,days;
printf("input date(year,month,day):");
scanf("%d,%d,%d",&year,&month,&day);
printf("%d/%d/%d",year,month,day);
days=sum_day(month,day);                         /* 调用函数 sum_day */
if(leap(year)&&month>=3)                         /* 调用函数 leap */
      days=days+1;
printf("is the %dth day in this year.\n",days);
return 0;
}
int sum_day(int month,int day)              /* 函数 sum_day:计算日期 */
{
int day_tab[13]={0,31,28,31,30,31,30,31,31,30,31,30,31};
int i;
for (i=1;i<month;i++)
      day+=day_tab[i];          /* 累加所在月之前天数 */
return(day);
}                                   /* 函数 leap:判断是否为闰年 */
int leap(int year)
```

```
{
int leap;
leap=year%4==0&&year%100!=0||year%400==0;
return(leap);
 }
```

实训总结：

通过项目实训，进一步巩固函数定义、调用和参数传递的知识，掌握参数传递的按值传递和按地址传递的区别和操作方法，正确定义变量的存储类型，提高程序效率和内存合理使用。

参考答案

5.9　习　题

1. 写一个判断是否为素数的函数，在主函数输入一个整数，输出是否素数的信息。

2. 编写一个函数，把二维数组的第 1 列和第 n 列进行交换。在主程序中调用该函数把从键盘上输入的一个 4×4 的数组的第 1 列和第 4 列进行互换。

3. 编写一函数，输入一个 4 位数字，要求输出这个数的 4 个数字字符，但每两个数字间空一个空格。例如，输入为 2013，应输出“2 0 1 3”。

4. 编写一个函数，使输入的一个字符串按反序存放，在主函数中输入和输出字符串。

5. 编写一函数，由实参传来一个字符串，统计此字符串中字母、数字、空格和其他字符的个数，在主函数中输入字符串并输出上述的结果。

6. 编写一个函数，输入一行字符，将此字符串中最长的单词输出。

7. 编写一个函数，用“起泡法”对输入的 10 个字符按由小到大顺序排列。

8. 编写一个函数，输入一个十六进制的数，输出相应的十进制数。

9. 输入 10 个学生 5 门课的成绩，分别用函数求：（1）每个学生平均分；（2）每门课的平均分；（3）找出最高的分数所对应的学生和课程。

10. 指出下列程序的错误，并改正。

（1）
```
int a(void)
{
printf(“Inside function a\n”);
int b(void)
{
printf(“Inside function b\n”);
}
}
```

（2）
```
int sum(int a,int b)
{
int result;
```

```
result=a+b;
}
```

（3）void f(float a);

```
{
float a;
printf("%f",a);
}
```

第 6 章　预处理命令

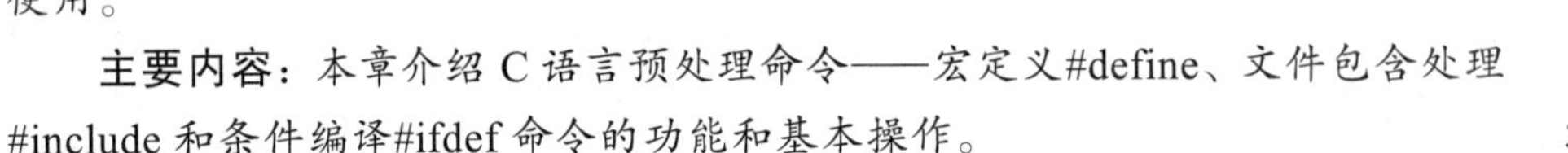

学习要求： 掌握宏、文件包含处理和条件编译三种预处理命令的定义和使用。

主要内容： 本章介绍 C 语言预处理命令——宏定义#define、文件包含处理#include 和条件编译#ifdef 命令的功能和基本操作。

本章源代码

在前面的章节中，程序的开头经常使用以“#”号开头的各种命令，例如#include。这些命令是在源程序正式编译前进行处理的，称为“预处理命令”。预处理功能是 C 语言的一个重要特征。我们知道，一个高级语言源程序如果要在计算机上运行，必须先用编译程序将其编译为机器语言。编译的过程包括词法分析、语法分析、代码生成、代码优化等步骤。有时在编译之前还要做某些预处理工作，如去掉注释、变换格式等。C 语言允许在源程序中包含预处理命令，在正式编译之前（词法分析之前）系统先对这些命令进行“预处理”，然后对整个源程序再进行通常的编译处理。从语法上讲，这些预处理命令不是 C 语言的一部分，但使用它们却扩展了 C 语言程序设计的环境，可以简化程序开发的过程，提高程序的可读性，也更有利于程序的调试和移植。

C 语言提供的预处理命令主要有以下三种：

（1）宏替换。

（2）文件包含。

（3）条件编译。

C 语言的预处理命令都以 # 开头，以区别于一般 C 语句。

6.1　宏定义

在 C 语言源程序中往往用一个指定的标识符（即名字来代表一个字符串，称为“宏”，这个标识符称为“宏名”。在源程序中可以出现这个宏名，称为“宏引用”或“宏调用”。在编译预处理时，对源程序中所有出现的“宏名”，均可用宏定义中的字符串去替换，这种将宏名替换成字符串的过程称为“宏替换”或“宏展开”。

为了区别于一般的变量名、数组名和指针变量名，宏名通常用大写字母组成。宏分为无参数的宏（即无参宏）和有参数的宏（即有参宏）两种。

6.1.1　无参宏定义

不带参数的宏用指定标识符来代替一个字符串。其一般格式为：

#define 标识符 字符串

例如：

```
#define PI 3.1415926
```

用标识符 PI 来表示 3.1415926，这叫做宏定义。这时的字符串是一个字符序列，除非是表示一个字符串常量，一般不用双引号括起。另外，宏不是语句，它不以分号结束，而以换行符结束。当宏比较长（在一行写不下）时，可在行尾加上符号\表示下一行是这一行的继续，例如：

```
#define MESSAGE "if the length of this message\
is very long"
```

一个宏的作用域是从定义处一直到本文件的结束。但多数人习惯把所有的宏定义都写在文件的前面虽然这不是必须的。

一个宏定义后，就可以在程序中使用了，例如：

```
#define PI 3.1415926
double area(double r)
{
  return(PI*r*r);
}
```

这个函数返回圆的面积。如果不用宏可以写成

```
double area(double r)
{
  return(3.1415926*r*r);
}
```

上面两个程序结果是完全一样的。

在实际情况中，预处理程序对宏的处理是：遇到宏名（标识符）就用其代表的字符串替换，即所谓的宏替换。因此，上面第一个程序在正式编译之前，系统就将其先预处理为上面第二个程序的形式。预处理是编译时由系统自动完成的，用户不必关心。从用户角度看，使用宏可以使程序具有更好的可读性。

程序中使用的常量一般都有一定的物理意义，人们很难从数字本身中看出这种意义。比如，C 语言中没有专门的逻辑变量，为了进行逻辑运算，规定表达式非 0 时为真（true），给出的逻辑值为 1；表达式为 0 时为假（false），给出的逻辑值为 0。这里的 1、0 与一般意义下的 1、0 形式上没有任何不同，不容易让人理解，有了宏，我们就可以很方便地解决这个问题了。例如：

```
#define TRUE 1
#define FALSE 0
```

定义之后，当需要给出逻辑值真时就使用 TRUE，当需要给出逻辑值假时就用 FALSE。

在定义宏时，还可以用到以前定义的宏，如

```
#define PI 3.1415926
```

```
#define R 2.0
#define AREA PI*R*R
```

这里定义 AREA 时用到了另外两个宏 PI 和 R。

最后指出在程序设计中，使用宏定义预处理命令时应特别注意的地方：

（1）宏定义以换行结束，不要用分号结束，如果 PI 定义为

```
#define PI 3.1415926;
```

则

```
return(PI*r*r);
```

经替换后变成

```
return(3.1415926; *r*r);
```

一看就知道是错误的。

（2）如果双引号内出现与宏名相同的字符串，则这个字符串不被替代。例如

```
#define HELLO "what is your name"
main()
{
printf(HELLO);
printf("\nHELLO\n");
}
```

运行结果：

```
what is your name
HELLO
```

6.1.2 带参宏定义

宏也可以带参数，其定义的一般形式为：

#define 标识符(参数列表) 字符串

其中标识符是宏名，字符串中包含括号内指定的参数，称为宏扩展。例如：

```
#define area(r) (3.1415926*(r)*(r))
```

这里 r 作为宏 area 的参数，定义之后可在程序中使用它。例如：

```
main()
{
printf("%f\n",area(2.0));
}
```

我们注意到这里宏的名字用的是小写字母。这时由于带参数的宏从形式上看很像函数，为了统一，多数人在定义带参数的宏时喜欢使用小写字母。

宏也可以带多个参数。例如，求两个数中较大者，我们可以定义宏

```
#define max(x,y) ((x)>(y)?(x):(y))
```

如果在程序中出现语句

```
m=max(a,b);
```

则预处理时替换为

m=((a)>(b)?(a):(b));

使用带参数的宏编写程序时，要特别注意两点：

（1）在宏定义中宏名和括起参数的左圆括号之间不能有空格。

如果宏定义为

#define area (r) (3.1415926*(r)*(r))

则语句

printf("%f\n",area(2.0));

被替换为

printf("%f\n",(r) (3.1415926*(r)*(r))(2.0));

这显然是不对的。因为预处理程序把 area 认做是一个不带参数的宏，只是简单地把其后所跟字符串原样搬到 area 处。

（2）整个宏扩展及各参数要用括号括起，就像前面给出的例子那样。如果不用括号括起会出现什么情况呢？例如，我们来定义一个求平方的宏。

#define square(x) x*x

如果有语句

a=square(n+1);

则预处理时被替换为

a=n+1*n+1;

结果是把 2*n+1 赋给了 a，显然这不是我们所期望的

a=(n+1)*(n+1);

宏扩展中最外层的括号也是必要的。如果不要最外层的括号，宏定义写成

#define square(x) (x)*(x)

如果遇到下面的语句调用宏

printf("%d\n",27/square(3));

我们可以先猜猜看输出结果是什么。是 3 吗？让我们替换一下，变成

printf("%d\n",27/(3)*(3));

由于*和/同级，并按从左到右顺序计算，所以表达式 27/(3)*(3)的值为 27，这不是我们所期望的值，这就是为什么我们要用括号括起整个宏扩展了。

6.1.3　宏与函数

从形式上看，带参数的宏调用和函数调用没有什么区别，而且确实在一些情况下它们产生同样的结果。例如：

程序 1：

```
#define max(x,y) ((x)>(y)?(x):(y))
main()
{
printf("%d\n",max(2,5));
```

```
}
```

程序 2：

```
main()
{
printf("%d\n",max(2,5));
}
int max(int x,int y)
{
return((x>y)?x:y);
}
```

这两个程序的主函数 main()是完全一样的，调用宏和调用函数得到相同的运行结果，都是 5。但这种情况并不总是成立的。例如：

程序 1：

```
main()
{
int i;
i=1;
while(i<=5)
printf("%d\n",square(i++));
}
int square(int x)
{
   return(x*x);
}
```

运行的结果为：

```
1
4
9
16
25
```

程序 2：

```
#define square(x) ((x)*(x))
main()
{
int i;
i=1;
while(i<=5)
printf("%d\n",square(i++));
}
```

运行的结果为：

1

9

25

这是怎么回事？为什么会出现不同的结果呢？还是让我们来看看预处理时替换的结果。

square(i++)

被替换为

(i++)*(i++)

这样一来我们就知道为什么会出现这种结果了。

1=1*1 随后 i 自增两次，i=3

9=3*3 随后 i 自增两次，i=5

25=5*5 随后 i 自增两次，i=7

3 次循环后，i 值为 7 超过了 5，循环也就结束了。

关于宏定义需要说明的是：C 语言预处理程序并不做任何 C 语言语法的检查，更不管程序的意思，只是机械地按照宏定义把宏调用替换为对应的字符串。

在程序中为什么要使用带参数的宏呢？理由是使用宏比函数调用更快。因为宏在真正编译之前已被相应地替换，在执行时，不必打断调用程序的运行，也没有参数的传递。而使用函数调用，当执行到有函数调用的语句时，主调函数要把参数传给被调函数，同时把控制权转给被调函数，被调函数运行完后再返回主调函数，这些都需要许多时间上的额外开销。当这种调用很频繁时（如在一个循环次数很多的循环体中），程序执行的速度就比较慢了。

6.2 文件包含

所谓“文件包含”是指一个源文件可以将另一个源文件的全部内容包含到自己的文件中。文件包含命令的一般形式是：

#include "文件名"

它的作用是用指定文件的全部内容来代替本文件中的这一行。文件包含命令的解释如图 6.1 所示。

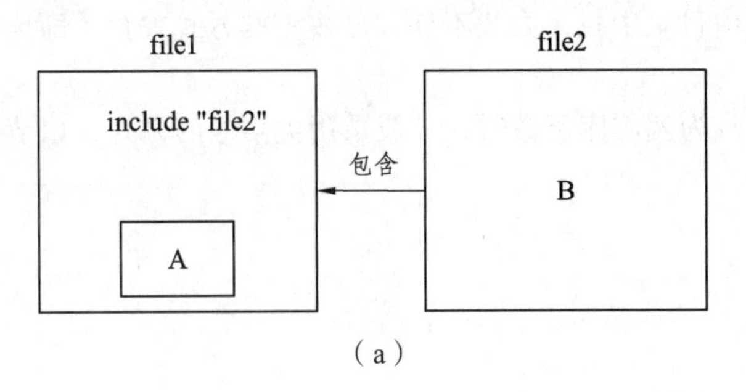

（a）

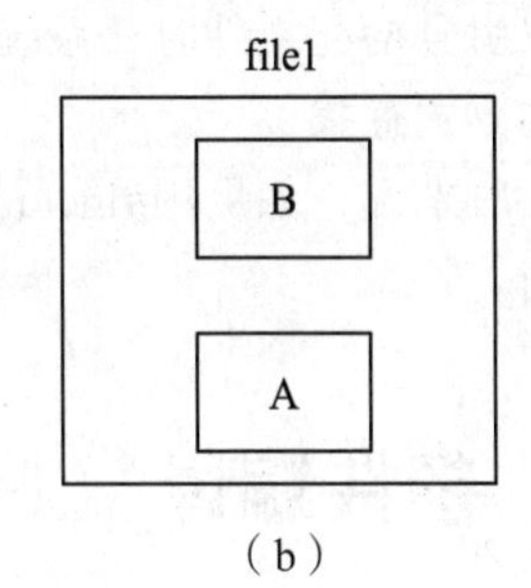

（b）

图 6.1　文件包含

在图 6.1（a）中，file1 中含有命令

```
#include “file2”
```

在编译时，预处理程序找到文件 file2，然后用 file2 的全部内容代替命令

```
#include “file2”
```

预处理后，file1 的情况如图 6.1（b）所示。

在程序中，文件包含是很有用的。写程序时，经常要定义一些不带参数的宏（符号常量）和带参数的宏，而一个大程序通常是放在几个文件中，如果每个文件都重新定义这些符号常量和带参数的宏，那是很麻烦的，而且可能带来不一致的错误。为了解决这个问题，可以把它们单独放在一个文件中，其他文件在开头都使用文件包含命令将它们包含进来。例如，源程序中要使用到下列常量：

```
#define BUFSIZ 512
#define EOF  -1
#define NULL 0
#define PR printf
#define D "%d"
#define S "%s"
#define TRUE 1
#define FALSE 0
```

现在把它们放在一个文件中，取名 defs.h。如果有一个程序的两个源文件用到这些定义，就可以分别在两个文件的开头写上：

```
#include “defs.h”
```

习惯上，我们总是把这些包括宏定义的文件叫做头文件，文件后缀用.h（.h 表示 header）。实际上，任何一种 C 语言编译系统都提供了大量的.h 文件，其中包含符号常量、带参数的宏定义、库函数的类型说明及系统中固定使用的结构或联合类型的定义（如我们前面用过的 stdio.h 和 math.h）。当然你也可以对任何名字的文件（如.c 文件，即 C 语言源程序文件）使用文件包含命令。

文件包含命令中的文件名，除了用双引号外，也可以用尖括号括起来。例如：

```
#include <文件名>
```

两者的区别是：用尖括号括起文件时，系统只在存放 C 语言库函数头文件所在的目录中寻找要包含的文件，这种方式称为标准方式（在 Turbo C 中的标准库函数目录为/INCLUDE）；而用双引号括起文件时，系统先在当前目录中找，如找不到，再按标准方式查找（即再按尖括号的方式查找）。

一般来说，如果用#include 命令只为调用库函数时，一般采用尖括号的方式，以节省查找时间。

6.3 条件编译

一般情况下，源程序中所有的语句都参加编译。但有时也希望根据一定的条件去编译源文件的不同部分，这就是条件编译。条件编译使得同一源程序在不同的编译条件下得到不同

的目标代码。商业软件公司总是使用条件编译来提供和维护某一程序的多个顾客版本。

条件编译有几种常用的形式，现分别介绍如下：

（1）#ifdef 标识符

```
    程序段 1
  #else
    程序段 2
  #endif
```

这种形式的含义是：如果标识符已被#define 行定义，则编译程序段 1，否则编译程序段 2。其中#else 及程序段 2 可以省略。

例 6.1　条件编译的简单应用。

```
#define LI
main()
{
#ifdef LI
    printf("Hello,LI\n");
#else
    printf("Hello,everyone\n");
#endif
}
```

运行结果输出

Hello,LI

如果从程序中去掉

#define LI

则输出结果为

Hello,everyone

（2）#ifndef 标识符

```
    程序段 1
  #else
    程序段 2
  #endif
```

这种形式与前一种形式的区别在于：如果标识符没在#define 行定义就编译程序段 1，否则就编译程序段 2。这种形式和第一种形式作用相反。

（3）#if 表达式 1

```
    程序段 1
  #else 表达式 2
    程序段 2
    …
      #else
        程序段 n
```

```
#endif
```

这种形式的作用是，如果表达式 1 为真就编译程序段 1，否则如果表达式 2 为真就编译程序段 2，…，如果各表达式都不为真就编译程序段 n。

例 6.2 输入一行字母序列，根据需要设置条件编译，使之能将字母全改为大写输出，或全改为小写字母输出。

```
#define LETTER 1
main()
{
char str[20]="C Language",c;
int i;
i=0;
while((c=str[i])!= '\0')
{
i++;
#if LETTER
      if(c>='a' && c<='z')
            c=c – 32;
#else
      if(c>='A' && c<='Z')
            c=c+32;
#endif
printf("%c",c);
}
}
```

运行结果为：

C LANGUAGE

如果将例 6.2 中的第一行改为#define LETTER 0，那么运行的结果为：

c language

6.4 C 语言程序实训

6.4.1 实训 1：用条件编译方法实现电报文字处理

输入一行电报文字，可以任选两种方式输出：一种为原文输出；另一种为将字母变成其下一字母（如'a'变成'b'，'b'变成'c'，…，'z'变成'a'），其他非字母的字符不变。用#define 命令控制是否要译成密码，当

#define CHANGE 1

则译为密码；当

```
#define CHANGE 0
```

则不译为密码，按原码输出。

解：

```
#define CHANGE 1
main()
{
char str[80],c;int i=0;
gets(str);
while(str[i]!= '\0')
{
#if CHANGE
if(str[i]==90||str[i]==122)
        str[i]=str[i] - 25;
else if(str[i]>=65&&str[i]<90||str[i]>=97&&str[i]<122)
        str[i]=str[i]+1;
#endif
i++;
}
puts(str);
}
```

6.4.2 实训 2：设计所需的输出格式

设计所需的各种输出格式（如整数、实数、字符串等），用一个文件名“format.h”把信息都放到这个文件内，另编一个程序文件，用命令#include "format.h"以确保能使用这些格式。

解：

```
#define CHAR_PR1(a) printf("\n%c",a)
#define INT_PR2(a,b) printf("\na=%d,b=%d",a,b)
```

把这些内容保存在一个名为“format.h”的文件里，主程序如下：

```
#include "stdio.h"
#include "format.h"
void main()
{
char aa;
int x,y;
scanf("%d,%d",&x,&y);
aa=getchar();
CHAR_PR1(aa);
INT_PR2(x,y);
```

```
}
```

实训总结：

通过项目实训，掌握宏定义、带参数的宏和条件编译的基本操作，能够正确定义宏，使用条件编译操作，增加程序的可移植性和灵活性。

参考答案

6.5 习 题

1. 写出完成如下要求的预处理指令。

（1）定义符号常量 YES 的值为 1。

（2）定义符号常量 NO 的值为 0。

（3）包含头文件 cnn.h，该文件和被编译的文件在同一个目录中。

（4）如果符号常量 TRUE 不等于 0，定义符号常量 FALSE 为 0，否则定义 FALSE 为 1。

（5）定义计算正方形面积的带有一个参数的宏 SA。

2. 输入两个整数，求它们的余数。用带参的宏来编程实现。

3. 给定年份 year，定义一个宏，以判断该年份是否闰年。

4. 写出下列程序的运行结果。

程序 1：

```
#define LETTER 0
main()
{
char str[20]="C Language",c;
int i=0;
while ((c=str[i])!='\0')
{
i=i+1;
#if(c<='a'&&c<='z')
    c=c - 32;
#else
if(c<='A'&&c<='Z')
    c=c+32;
#endif
printf("%c",c);
}
}
```

程序 2：

```
#define EXCH(a,b){int t;t=a;a=b;b=t;}
main()
```

```
{
int x=5;y=9;
EXCH(x,y);
printf("x=%d,y=%d\n",x,y);
}
```

程序 3：

```
#define PR(x) printf("%d",x)
main()
{
int i,a[]={1,3,5,7,9,11,13,15},*p=a+5;
for(i=3;i;i--)
    switch(i)
{case 1:
    case 2:PR(*p++);break;
case 3:PR(*(--p));
}
}
```

第7章　指　针

本章源代码

学习要求： 掌握指针的基本应用，尤其是指针在数组和函数中的应用。

主要内容： 指针是C语言中的一种数据类型，也是最常用的一种基本数据类型。本章介绍指针的基本应用、指针与数组、指针与函数等。

指针是C语言中最为重要也最为困难的一部分。在学习中除了要正确理解指针的基本概念外，还必须多编程，多上机调试。只要做到这些，指针也是不难掌握的。

7.1　指针基础

指针是C语言中的一种数据类型。利用指针变量可以表示各种数据结构，可以很方便地使用数组和字符串，也可以像汇编语言一样处理内存地址，从而编出精练而高效的程序。指针极大地丰富了C语言的功能。学习指针是学习C语言中最重要的一环，能否正确理解和使用指针是掌握C语言的一个标志。

7.1.1　地址与指针

计算机内存通常是由一系列连续编号或编址的存储单元组成（存储单元的最小单位是字节），这些存储单元可以单个进行操作，也可以以连续成组的方式操作。例如，1个字节可以存放1个char类型的数据，2个相邻的字节存储单元可存储1个short（短整型）类型的数据，而4个相邻的字节存储单元可存储一个long（长整型）类型的数据。

为了正确地访问这些内存单元，必须为每个内存单元编号，从而根据一个内存单元的编号即可准确地找到该内存单元。内存单元的编号也叫做“地址”。

如同每个人都需要一个身份证号码、教学楼中的每一个教室都需要一个编号（称为教室号）、宿舍楼中的每一个房间需要一个编号（称为房间号）一样，每个存储单元都有一个唯一的地址，否则无法管理。

注意： 内存单元的地址与内存单元中的数据是两个完全不同的概念。如同宿舍房间号（地址）与住在其中的人（数据）一样，是完全不同的。

指针是能够存放一个地址的一组存储单元（通常是2个或4个字节）。也就是说指针是一个特殊的变量，它里面存储的数值被解释为内存里的一个地址。

例 7.1 输出常用数据类型数据所占用的字节数。

```
#include<stdio.h>
main()
{
 printf("一个字符型数据占%d 个字节\n",sizeof(char));
printf("一个整型数据占%d 个字节\n",sizeof(int));
printf( "一个长整型数据占%d 个字节\n",sizeof(long));
printf( "一个实数型数据占%d 个字节\n",sizeof(float));
}
```

程序的运行结果为：

一个字符型数据占 1 个字节
一个整型数据占 4 个字节
一个长整型数据占 4 个字节
一个实数型数据占 4 个字节

7.1.2 指针变量的定义与初始化

指针的学习主要包括四方面的内容：指针的类型，指针所指向的类型，指针的值（或者叫指针所指向的内存区），还有指针本身所占据的内存区。

C 语言规定所有变量在使用前必须定义，指定其类型，并按此分配内存单元。指针变量不同于其他类型的变量，它是专门存放地址的，必须将其定义为“指针类型”。

1. 指针变量的定义

指针变量定义的一般格式是：

数据类型 *指针变量[，*指针变量 2…]

其中数据类型指的是指针变量指向数据的类型，即指针所指向的数据可以是整型、字符型或实型数等（注意：指针变量名的命名规则和变量名相同）。例如：

```
int *p1; /*定义 p1 是指向整数类型的指针变量*/
int *p1,*p2;   /*定义 p1，p2 是指向整数类型的指针变量*/
int i,j,*p1,*p2; /*定义 i,j 是整型变量，p1 和 p2 是指向整数类型的指针变量*/
```

2. 指针变量的初始化

如何使一个指针变量指向一个普通类型的变量？其实很简单，只要将需要指向的变量的地址赋给相对应的指针变量就可以了。取地址运算的格式为：

&变量

其中的变量可以是任何类型变量。例如：

```
int *p1;
int i=10;
p1=&i;
```

其赋值过程如图 7.1 所示。

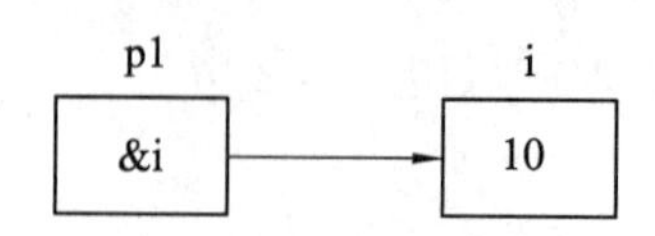

图 7.1 指针变量的初始化

事实上，指针变量必须被赋值语句初始化后才能使用，否则严重时会造成系统区破坏而死机。指针可被初始化为 0、NULL 或某个地址。具有值 NULL 的指针不指向任何值。NULL 是在头文件<stdio.h>（以及其他几个头文件）中定义的符号常量。把一个指针初始化为 0 等价于把它初始化为 NULL，但是用 NULL 更好。对指针初始化可防止出现意想不到的结果。

7.1.3 通过指针访问变量

指针变量同普通变量一样，使用之前不仅要定义说明，而且必须赋予具体的值，未经赋值的指针变量不能使用，否则将造成系统混乱甚至死机。指针变量的赋值只能赋予地址，不能赋予其他任何数据，否则将引起错误。在 C 语言中，变量的地址是由编译系统分配的，对用户完全不透明，用户不知道变量的具体地址。

例 7.2 指针变量的赋值。

```
#include <stdio.h>
main()
{
int i,j,k,*p1,*p2,*p3;
i=1;
j=2;
p1=&i;    p2=p1;
p3=&k;/*指针变量的赋值*/
*p3=*p1+*p2;
printf("k=%d\n *p3=%d\n",k,*p3);
}
```

程序的运行结果为：

```
k=2
*p3=2
```

程序的编译过程如图 7.2 所示。

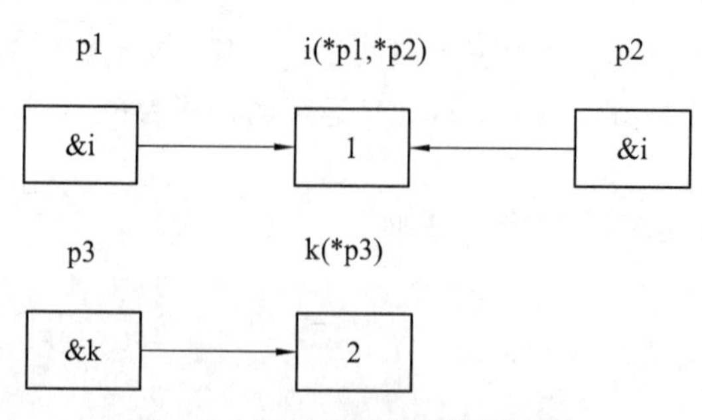

图 7.2 例 7.2 程序的编译过程

例 7.3 使用指针实现输入两个数，然后交换两个数的值并输出。

```
#include <stdio.h>
main()
{
int *p1,*p2,*p,a,b;
scanf("%d,%d",&a,&b);
p1=&a;
p2=&b;/*交换前指针 p1 指向 a，指针 p2 指向 b*/
  p=p1;
  p1=p2;
  p2=p;/*交换后指针 p1 指向 b，指针 p2 指向 a*/
printf("a=%d,b=%d\n",a,b);
printf("a=%d,b=%d\n",*p1,*p2);
}
```

程序的运行结果为：

输入 5，9

a=5,b=9

a=9,b=5

7.1.4 指针变量作为函数参数

函数的参数不仅可以是整型、实型、字符型数据，还可以是指针类型数据。它的作用是将一个变量的地址传送到另一个函数中，与其他类型的变量作函数参数的使用差不多。

例 7.4 使用指针函数实现输入两个数，然后交换两个数的值并输出。

```
#include <stdio.h>
swap(int   *pointer_1, int   *pointer_2)
{     int p;
      p=*pointer_1;
      *pointer_1=*pointer_2;
      *pointer_2=p;
}
main()
{
int a,b;
int *p1,*p2;
scanf("%d,%d",&a,&b);
p1=&a;
p2=&b;/*交换前指针 p1 指向 a，指针 p2 指向 b*/
swap(p1,p2); /*调用 swap 函数，通过指针变量 p1,p2 把变量 a,b 的地址传递，交换后 a、
```

```
b 值发生交换*/
printf("\n%d,%d\n",a,b);
}
```

思考：若在函数 swap()中把 int p 换成 int *p，结果会如何？

例 7.5 使用未初始化的指针实现输入两个数，然后交换两个数的值并输出。

```
#include <stdio.h>
swap(int *pointer_1, int *pointer_2)
{
int *p;/*指针 p 虽然定义但未初始化，因此其所指向的地址不明确，系统会随机指向，编译时会有警告信息出现！ */
*p=*pointer_1;
*pointer_1=*pointer_2;
*pointer_2=*p;
}
main()
{
int a,b;
int *p1,*p2;
scanf("%d,%d",&a,&b);
p1=&a;
p2=&b;
swap(p1,p2);
printf("\n%d,%d\n",a,b);
}
```

7.1.5 指针的强制转换

```
float f=12.3;
int*p;
```

在上面的例子中，假如我们想让指针 p 指向实数 f，应该怎么做？是用下面的语句吗？

```
p=&f;
```

不对。因为指针 p 的类型是 int*，它指向的类型是 int。表达式&f 的结果是一个指针，指针的类型是 float*,它指向的类型是 float，两者不一致。直接赋值的方法是不行的。为了实现我们的目的，需要进行“强制类型转换”。例如：p=(int*)&f;

如果有一个指针 p，需要把它的类型改为 TYPE*，语法格式是： (TYPE*)p;

这种强制类型转换的结果是一个新指针，该新指针的类型是 TYPE*，它指向的类型是 TYPE，它指向的地址就是原指针指向的地址。而原来的指针 p 的一切属性都没有被修改。

在指针的强制类型转换 ptr1=(TYPE*)ptr2 中：如果 sizeof(ptr2 的类型)大于 sizeof(ptr1 的类型),那么在使用指针 ptr1 来访问 ptr2 所指向的存储区时是安全的；如果 sizeof(ptr2 的类型)

小于 sizeof(ptr1 的类型)，那么在使用指针 ptr1 来访问 ptr2 所指向的存储区时是不安全的。

7.1.6 void 指针类型

void 的字面意思是“无类型”，void *则为“无类型指针”，void 类型指针（如 void *p）所指向的数据类型不是确定的，即可以指向任何类型的数据。但是，这并不意味着 void *可以无需强制类型转换就赋给其他类型的指针。例如，下面语句编译出错：

```
void *p1;
int *p2;
p2 = p1;
```

编译时系统提示：“cannot convert from 'void *' to 'int *'”。

void 类型指针中的数据不能访问，如果非要访问的话，可以通过强制转换将 void 类型指针转换为与所指向的数据类型相符的类型。

（1）任何类型的指针都可以强制转换为 void 类型，且不会丢失数据。

例 7.6 试分析以下程序的运行结果。

```
#include<stdio.h>
main( )
{
short a=5;
void *p1;
short *p2;
p1=(void *)&a;/*强制转换将 p1 转化为 short 类型*/
p2=(short *)p1;/*通过 p2 便可以访问数据 5，其数据不会丢失*/
printf("%d\n",*p2);
}
```

（2）void 类型指针可以通过强制转换为具有更小或相同存储对齐限制的指针，但数据可能失真。

所谓“相同存储对齐限制”是指 void 类型指针所指的数据在内存中所占的长度与显式转换后的指针所指的数据在内存中所占的长度相等（比如以上程序中的 p1 所指的源数据在内存中占 2 个字节，p2 所指的数据在内存中也是占 2 个字节）。需要注意的是，只有上面的这种转换（前后指针所指数据类型一致的转换）才能保持数据不失真；如果类型不一致，即使具有相同存储对齐限制，也有可能失真（比如由 short 转向 unsigned short）。

例 7.7 试分析以下程序的运行结果。

```
#include<stdio.h>
main( )
{
short a= – 5,*p1=&a;
unsigned short *p2;
void *p3;
```

```
p3=(void *)p1;
p2=(unsigned short *)p3;
printf("%d\n",*p2);
}
```

上述程序的输出结果就不再是－5 了，因为在指针转换时，short 类型的数据也经过转换变成了 unsigned short 类型的数据，具体的转换过程请参考数据类型转换。不过，也有数值不变的情况（如把 a 值变为 5）。

同理，如果是将 void 类型转换为具有更小存储对齐限制的指针时，也可能引起数值的改变。

例 7.8 试分析以下程序的运行结果。

```
#include<stdio.h>
main( )
{
short a=720;
char *p1;
void *p2;
p2=(void *)&a;
p1=(char *)p2;
printf("%d\n",*p1);
}
```

程序运行后，p1 所指向的数据不再是 720，而是－48。因为 a 的值 720 在内存中的表示形式为 D0 02（十六进制表示，共 2 块，即 2 个字节），其中 D0 的地址即 a 的地址 0x0012ff7c，p2 只保存 0x0012ff7c，不知道它占有 2 个字节内存空间。而 p1 所指数据占有 1 个字节，因此 p1 只代表 D0，无法代表 D0 02，将 D0 翻译成有符号 char 类型，即－48（D0 是补码）。当然，如果将 a 的值改为较小的数（－128～127）（如 3），转换后的值变不会发生改变。

综合以上两种情况，其实 void 类型指针所指向的数据一直都在内存中存放着，并没有被改动，只是我们在引用时（从内存中提取数据的过程中）发生了提取错误。道理很简单，一个有 2 个字节组成的数据，而你非要提取 1 个字节，是有可能发生错误的（但不是一定会发生错误，当一个数据既能用 1 个字节表示，又能用 2 个字节表示时就不会产生错误）。如果我们提取正确的话，随时都可以得到正确的数据。例如，将上面的"printf("%d\n",*p1)"；改为"printf("%d\n",*(short *)p1)"；则又会输出 720。

（3）如果将 void 类型的指针转换为具有更大存储对齐限制的指针时，则会产生无效值。

例 7.9 试分析以下程序的运行结果。

```
#include<stdio.h>
main( )
{
short a=23;
void *p1;
int *p2;
```

```
p1=(void *)&a;
p2=(int *)p1;
printf("%d\n",*p2);
}
```

7.2 指针与数组

变量在内存存放是有地址的，数组在内存存放也同样具有地址。对数组来说，数组名就是数组在内存存放的首地址。指针变量是存放变量的地址，也可以是存放数组的首址或数组元素的地址。这就是说，指针变量可以指向数组或数组元素。对数组而言，数组和数组元素的引用，也同样可以使用指针变量。

7.2.1 数组元素的指针引用

1. 指针与一维数组

假设定义一个一维数组，该数组在内存会有系统分配的一个存储空间，其数组的名字就是数组在内存的首地址。若再定义一个指针变量，并将数组的首址传给指针变量，则该指针就指向了这个一维数组。数组名是数组的首地址，也就是数组的指针。而定义的指针变量就是指向该数组的指针变量。对一维数组的引用，既可以用传统的数组元素的下标法，也可使用指针的表示方法。例如：

```
int a[10],*ptr; /*定义数组与指针变量*/
ptr=a; (或 ptr=&a[0]; )
```

则 ptr 就得到了数组的首址。其中，a 是数组的首地址，&a[0]是数组元素 a[0]的地址。由于 a[0]的地址就是数组的首地址，所以两种赋值操作效果完全相同。指针变量 ptr 就是指向数组 a 的指针变量。

下面介绍 C 语言规定的指针对数组的表示方法：

（1）ptr+n 与 a+n 表示数组元素 a[n]的地址，即&a[n]。对整个 a 数组来说，共有 10 个元素，n 的取值为 0 ~ 9，则数组元素的地址就可以表示为（ptr+0）~（ptr+9）或（a+0）~（a+9），与&a[0] ~ &a[9]保持一致。

（2）根据数组元素的地址表示方法，*(ptr+n)和*(a+n）就表示为数组的各元素（即等效于 a[n]）。

（3）指向数组的指针变量也可用数组的下标形式表示为 ptr[n]，其效果相当于*(ptr+n)。

例 7.10 输入 10 个数，以数组的不同引用形式输出数组各元素的值。

```
#include<stdio.h>
main()
{
int n, a[10],*ptr=a;
for(n=0;n<=9;n++)
```

```
    scanf("%d",&a[n]);
printf("输入的 10 个数依次为:\n");
for(n=0;n<=9;n++)
    printf("%4d",a[n]);
printf("\n");
}
```

例 7.11 输入 10 个数，采用指针变量表示的地址法输入输出数组各元素。

```
#include<stdio.h>
main()
{
int n,a[10],*ptr=a;/*定义时对指针变量初始化*/
for(n=0;n<=9;n++)
    scanf("%d",ptr+n);
printf("输入的 10 个数依次为:\n");
for(n=0;n<=9;n++)
    printf("%4d",*(ptr+n));
printf("\n");
}
```

例 7.12 输入 10 个数，采用数组名表示的地址法输入输出数组各元素。

```
#include<stdio.h>
main()
{
int n,a[10],*ptr=a;
for(n=0;n<=9;n++)
    scanf("%d",a+n);
printf("输入的 10 个数依次为:\n");
for(n=0;n<=9;n++)
    printf("%4d",*(a+n));
printf("\n");
}
```

例 7.13 输入 10 个数，用指针表示的下标法输入输出数组各元素。

```
#include<stdio.h>
main()
{
int n,a[10],*ptr=a;
for(n=0;n<=9;n++)
    scanf("%d",&ptr[n]);
printf("输入的 10 个数依次为:\n");
for(n=0;n<=9;n++)
```

```
    printf("%4d",ptr[n]);
printf("\n");
}
```

例 7.14 输入 10 个数，利用指针法输入输出数组各元素。

```
#include<stdio.h>
main()
{
int n,a[10],*ptr=a;
for(n=0;n<=9;n++)
    scanf("%d",ptr++);
printf("输入的 10 个数依次为:\n");
ptr=a;/*指针变量重新指向数组首址*/
for(n=0;n<=9;n++)
    printf("%4d",*ptr++);
printf("\n");
}
```

2. 指针与二维数组

定义一个二维数组：

```
int a[3][4];
```

其中 a 是二维数组的首地址，&a[0][0]既可以看作数组 a 第 0 行 0 列的首地址，也可以看作是二维数组的首地址。a[0]是第 0 行的首地址，当然也是数组的首地址。同理 a[n]就是第 n 行的首址，&a[n][m]就是数组元素 a[n][m]的地址。既然二维数组每行的首地址都可以用 a[n]来表示，就可以把二维数组看成是由 n 行一维数组构成，将每行的首地址传递给指针变量，行中的其余元素均可以由指针来表示。

若定义的二维数组其元素类型为整型，每个元素在内存占 2 个字节，假定二维数组从 1000 存储单元开始存放，则以按行存放的原则，数组元素在内存的存放地址为 1000 ~ 1023。

若用地址法来表示数组各元素的地址，对元素 a[1][2]而言，&a[1][2]是其地址，a[1]+2 也是其地址。分析 a[1]+1 与 a[1]+2 的地址关系，它们地址的差并非整数 1，而是一个数组元素的所占位置 2，原因是每个数组元素占 2 个字节。

对 0 行首地址与 1 行首地址 a 与 a+1 来说，地址的差同样也并非整数 1，是一行，即 4 个元素占的字节数 8。

由于数组元素在内存是连续存放的，若给指向整型变量的指针传递数组的首地址，则该指针指向二维数组。

```
int *ptr,a[3][4];
ptr=a;
```

则用 ptr++就能访问数组的各元素。

例 7.15 用地址法输入输出二维数组各元素。

```
#include<stdio.h>
```

```
main()
{
int a[3][4];
int i,j;
for(i=0;i<3;i++)
        for(j=0;j<4;j++)
                scanf("%d",a[i]+j);/*地址法*/
for(i=0;i<3;i++)
{
for(j=0;j<4;j++)
        printf("%4d",*(a[i]+j));/**(a[i]+j)是地址法所表示的数组元素*/
printf("\n");
}
}
```

例 7.16 用指针法输入输出二维数组各元素。

```
#include<stdio.h>
main()
{
int a[3][4],*ptr;
int i,j;
ptr=a[0];
for(i=0;i<3;i++)
        for(j=0;j<4;j++)
                scanf("%d",ptr++);/*指针的表示方法*/
ptr=a[0];
for(i=0;i<3;i++)
{
for(j=0;j<4;j++)
        printf("%4d",*ptr++);
printf("\n");
}
}
```

7.2.2 字符串的存储与处理

字符串是存放在字符数组中的，为了实现对字符串的操作，可以定义一个字符数组，也可定义一个字符指针，通过指针的指向来访问所需的字符。

例 7.17 试分析以下程序运行结果。

```
#include <stdio.h>
```

```
main( )
{
char    string[]="C Language";
char *p;
p=string;
printf("%s\n",string);
printf("%s\n",p);
}
```

运行结果如下：

```
C Language
C Language
```

事实上，以上的输出实现也可用如下方法一个一个字符的输出：

```
for(p=string;*p!= '\0';p++)
     printf("%c",*p);
```

也可以不定义字符数组，而直接用一个指针变量指向一个字符串常量，所以上面程序也可写成：

```
main()
{
char *p= "C Language";
printf("%s\n",p);
}
```

程序中虽然没有定义数组，但字符串在内存中是以数组形式存放的。它有一个起始地址，占一片连续的存储单元，而且以'\0'结束。语句“Char *p="C Language";”的作用是使指针变量 p 指向字符串的起始地址，千万不要认为是将字符串中的字符赋给指针变量 p。p 是指向字符型数据的指针变量，它的值是地址。

例 7.18　有一行字符，要求删除指定的字符。

分析：假如有一行字符“I Have 50 Yuan.”，如果要删除“0”，则字符变为“I Have 5 Yuan.”。于是可以设一个目标数组 a，将给定字符串中的字符逐个传送到该数组中，但要删除的字符不被传送。传送的过程可以使用循环语句一个字符一个字符地传送，当遇到字符串结束标志'\0'时，则认为传送结束。最后再给目标数组赋一个结束标志即可，这样目标数组就相当于达到了要求。

```
#include <stdio.h>
main()
{
char   *p="I Have 50 Yuan.",a[20];     /*a 为目标数组*/
int i=0;                               /*i 为数组 a 下标的初值*/
for(;*p!='\0';p++)/*由于指针变量 p 本身就指向了原串的首地址，所以 for 中初始化省略*/
if(*p!='0')
```

```
a[i++]=*p; /*若不是要删除的'0'字符，则传送到目标数组中*/
a[i]='\0';      /*循环结束后给数组 a 中串的末尾处赋一个结束标志*/
printf("The new strings is:%s\n",a);
}
```

例 7.19 将字符串 a 复制到字符串 b 中。

```
#include <stdio.h>
main( )
{
char a[ ]="I am a boy.",b[20];
int i;
for(i=0;*(a+i)!='\0';i++)
   *(b+i)=*(a+i);
*(b+i)='\0';
printf("string a is:%s\n",a); /*输出字符串 a 的值*/
printf("string b is:");
for(i=0;b[i]!= '\0';i++) /*用循环输出字符串 b 的值*/
      printf("%c",b[i]);
printf("\n");
}
```

7.2.3 内存的动态分配与动态数组的建立

静态数组比较常见，数组长度预先定义好，在整个程序中，一旦给定大小后就无法再改变长度，静态数组自己自动负责释放占用的内存。而动态数组长度可以随程序的需要而重新指定大小。动态数组由内存分配函数（malloc）从堆（heap）上分配存储空间，只有当程序执行了分配函数后，才为其分配内存，同时由程序员自己负责释放分配的内存（free）。

在实际的编程中，往往会发生这种情况：即所需的内存空间取决于实际输入的数据，而无法预先确定。对于这种问题，用静态数组的办法很难解决。为了解决上述问题，C 语言提供了一些内存管理函数，这些内存管理函数结合指针可以按需要动态地分配内存空间，从而构建动态数组，也可把不再使用的空间回收待用，为有效地利用内存资源提供了手段。

对于静态数组，其创建和引用都非常方便，使用完也无需释放内存空间，但是创建后无法改变其大小是其致命弱点。对于动态数组，其创建麻烦，使用完必须由程序员自己释放内存空间，否则会引起内存泄露。但动态数组使用非常灵活，能根据程序需要动态分配大小。构建动态数组时，我们本遵循下面的原则：

（1）申请的时候从外层往里层，逐层申请；

（2）释放的时候从里层往外层，逐层释放；

在构建动态数组所需指针的时候，对于构建一维动态数组，需要一维指针；对于二维，则需要一维、二维指针；对于三维，需要一、二、三维指针；依此类推。

1. 动态内存分配与释放函数

```
/*动态内存分配与释放函数*/
void *malloc(unsigned int size);
void *calloc(unsigned int num, unsigned int size);
void *realloc(void *p,unsigned int size);
void free(void *p);
```

说明：

（1）malloc()函数成功则返回所开辟空间首地址，失败则返回空指针，其功能是向系统申请 size 字节堆的空间；

calloc()成功则返回所开辟空间首地址，失败则返回空指针，其功能是按类型向系统申请 num 个 size 字节堆的空间；

realloc()成功则返回所开辟空间首地址，失败则返回空指针，其功能是将 p 指向的空间变为个 size 字节堆的空间；

free()没有返回值，其功能是释放 p 指向的堆空间；

（2）规定为 void *类型，并不是说该函数调用后无返回值，而是返回一个结点的地址，该地址指向的类型为 void（无类型或类型不确定），即一段存储区的首址，其具体类型无法确定，只有使用时根据各个域值数据再确定。可以用强制转换的方法将其转换为别的类型。例如：

```
double *pd = NULL;
pd = (double *)calloc(10, sizeof(double));
```

上述语句表示将向系统申请 10 个连续的 double 类型的存储空间，并用指针 pd 指向这个连续的空间的首地址。接着用(double)对 calloc()函数的返回类型进行转换，以便把 double 类型数据的地址赋值给指针 pd。

（3）使用 sizeof 的目的是用来计算一种类型占有的字节数，以便适合不同的编译器。

（4）检查动态内存是否分配成功。由于动态分配不一定成功，为此要附加一段异常处理程序，不致程序运行停止，使用户不知所措。通常采用这样的异常处理程序段：

```
if (p == NULL) /*  或者 if(!p)*/
{
    printf("动态申请内存失败!\n");
    exit(1); /*异常退出*/
}
```

（5）以上四个函数头文件均包含在<stdlib.h>中。

（6）分配的堆空间是没有名字的，只能通过返回的指针找到它。

（7）绝不能对非动态分配存储块使用 free()函数，也不能对同一块内存区同时用 free()函数释放两次。例如：

```
free(p);
free(p);
```

（8）调用 free()函数时，传入指针指向的内存被释放，但调用函数的指针值可能保持不变，因为 p 是作为形参传递给了函数。严格来讲，被释放的指针值是无效的，因为它已不再指向所申请的内存区，这时对它的任何使用便可能会可带来问题。所以在释放一个指针指向的内存后，将该指针赋值为 0，避免该指针成为野指针。例如：

```
int *p = (int *)malloc(sizeof(int));
free(p); /*释放 p 指向内存*/
p = 0; /*或者 p = NULL，释放 p 指向的内存后，将 p 指针赋值为 0，避免 p 指针成为野指针*/
```

（9）malloc()与 calloc()的区别。对于用 malloc()分配的内存区间，如果原来没有被使用过，则其中的每一位可能都是 0；反之，如果这部分内存空间曾经被分配、释放和重新分配，则其中可能遗留各种各样的数据。也就是说，使用 malloc()函数的程序开始时（内存空间还没有被重新分配）能正常运行，但经过一段时间后（内存空间已被重新分配）可能会出现问题，因此在使用它之前必须先进行初始化（可用 memset()函数将其初始化为 0）。但是用 calloc()函数分配到的空间在分配时就已经被初始化为 0 了。当你在 calloc()函数和 malloc()函数之间作选择时，你需考虑是否要初始化所分配的内存空间，从而来选择相应的函数。

2. 动态数组构建过程

以三维整型数组为例“int array[x][y][z];”，先遵循从外到里，逐层申请的原则：

（1）最外层的指针就是数组名 array，它是一个三维指针，指向的是 array[]。array[]是二维指针，所以给 array 申请内存空间需要一个三维指针。例如：

```
int *** p = (int ***)malloc(x * sizeof(int **)); /*给三维数组 array[x][y][z]动态分配内存*/
```

也可以使用以下语句：

```
array = (int ***)malloc(x * sizeof(int **))/*指针 p 指向的是 array 三维数组的第一维，有 x 个元素，所以要 sizeof(x * (int **))*/
```

（2）次层指针是 array[]，它是一个二维指针，指向的是 array[][]。array[][]是一维指针。例如：

```
int i, j;
for (i = 0; i < x; i++)
{
array[i] = (int **)malloc(y * sizeof(int *));
}
```

（3）最内层指针是 array[][],它是个一维指针，所指向的是 array[][][]。array[][][]是个整型常量。所以给 array[][]申请内存，程序段如下：

```
int i, j;
for (i = 0; i < x; i++)
{
        for (j = 0; j < y; j++)
    {
        array[i][j] = (int *)malloc(z * sizeof(int));
    }
}
```

3. 动态构建三维数组的内存分配函数

说明如下：

*pArr: 指向三维数组首地址；

*x: 三维数组第一维元素个数；

*y: 三维数组第二维元素个数；

*z: 三维数组第三维元素个数。

程序段如下：

```
void Create3DActiveArray(int ***pArr, int x, int y, int z)
{
int i, j, k;
pArr = (int ***)malloc(x * sizeof(int **));
for (i = 0; i < x; i++)
      {
               pArr[i] = (int **)malloc(y * sizeof(int *));
for (j = 0; j < y; j++)
            {
                     pArr[i][j] = (int *)malloc(z * sizeof(int));
for (k = 0; k < z; k++)
                  {
                            pArr[i][j][k] = i + j + k;
                  }
            }
      }
}
```

4. 内存释放函数

程序段如下：

```
void Free3DActiveArray(int ***pArr, int x, int y)
{
int i, j, k;
for (i = 0; i < x; i++)
      {
            for (j = 0; j < y; j++)
            {
free(pArr[i][j]);
                  pArr[i][j] = 0;
            }
free(pArr[i]);
         pArr[i] = 0;
```

```
    }
free(pArr);
}
```

例 7.20　多维数组的构建和释放。

```
#include <stdio.h>
#include <malloc.h>
void Malloc3DActiveArray(int *** pArr, int x, int y, int z);
void Free3DActiveArray(int *** pArr, int x, int y);
int main(void)
{
int x, y, z;
int *** array = NULL;
printf("输入一维长度:");
scanf("%d",&x);
printf("输入二维长度:");
scanf("%d",&y);
printf("输入三维长度:");
scanf("%d",&z);
Malloc3DActiveArray(array, x, y, z);
Free3DActiveArray(array, x, y);
array = NULL;
return 0;
}

void Malloc3DActiveArray(int *** pArr, int x, int y, int z)
{
int i, j, k;
pArr = (int ***)malloc(x * sizeof(int **));
for (i = 0; i < x; i++)
    {
            pArr[i] = (int **)malloc(y * sizeof(int *));
for (j = 0; j < y; j++)
        {
                    pArr[i][j] = (int *)malloc(z * sizeof(int));
for (k = 0; k < z; k++)
            {
                        pArr[i][j][k] = i + j + k + 1;
printf("%d", pArr[i][j][k]);
            }
                printf("\n");
```

```
            }
                printf("\n");
        }
}

void Free3DActiveArray(int *** pArr, int x, int y)
{
int i, j;
for (i = 0; i < x; i++)
        {
                for (j = 0; j < y; j++)
            {
                    free(pArr[i][j]);
pArr[i][j] = 0;
            }
free(pArr[i]);
            pArr[i] = 0;
        }
free(pArr);
}
```

7.3 指针与函数

C 语言中的指针变量可以指向一个函数；函数指针可以作为参数传递给其他函数；函数的返回值可以是一个指针值。

7.3.1 指针参数与函数的地址传送调用

当指针作为函数的形参时，要求实参用地址值，实现变量地址的传递，这种调用称为传址调用。传地调用的特点是可以在被调用函数中通过改变形参的内容（即形参所指的变量的值）来改变调用函数中实参的值。

1. 基本数据类型的指针作函数参数

指针作为函数参数可以实现函数之间的数据传递，即可将被调用函数中的值通过参数传递给调用函数。这种传递既安全可靠，又可实现一次多个数据传递，是 C 语言中常用的传递方式，前面已经介绍。

2. 数组名作函数参数

C 语言中，数组名是一个指针，是数组首元素的地址值。用数组名作函数参数，实现的是传址调用。数组名可以作函数的形参，也可以作函数的实参。另外，C 语言既可用数组名作实参，指针作形参；也可用数组名作形参，指针作实参。这些都属于传递地址值的传址调用。

例 7.21 采用选择法对数组中的若干整数按由小到大顺序进行排序。

选择法排序的算法如下：先从所有的整数中找出最小的数作为首元素，再从剩下整数中找出最小的作为首元素后边的元素，依次类推，每次从未排序的整数中找出最小的一个。如果有 n 个整数，则需要按上述方法比较查找 n – 1 次。

```
#include <stdio.h>
void SelectSort ( int array[], int nSize )
{
int nMinIndex;
int nIndex_1, nIndex_2;
for (nIndex_1 = 0;nIndex_1 < nSize  –  1 ;nIndex_1++)  /*待排序的数列需要比较的次数
*/
 {
nMinIndex = nIndex_1;
for (nIndex_2 = nIndex_1 + 1 ; nIndex_2 < nSize;nIndex_2++) /*每次比较找到最小值*/
{
if ( array[nMinIndex] > array[nIndex_2] )
{
nMinIndex = nIndex_2;
}
}
if ( nMinIndex != nIndex_1 )   /*一次比较找到最小值后，就将其交换到未排好序的序列
的最前面。*/
{
int temp = array[nIndex_1];
array[nIndex_1] = array[nMinIndex];
array[nMinIndex] = temp ;
}
}
}

void ShowArray(int array[], int nSize)
{
int i;
for (i = 0; i < nSize; i++)
{
printf("%d\t", array[i]);
if ((i+1)%10 == 0)
```

```
{
printf("\n");
}
}
printf("\n");
}

int main()
{
int array[7] = {6, 8, 10, 1, 2, 7, 9};
printf("Old Array:\n");
ShowArray(array, 7);
SelectSort(array, 7);
printf("Sorted Array:\n");
ShowArray(array, 7);
printf("Press any key to exit");
}
```

7.3.2　带参数的主函数

C 语言规定，主函数也可以带参数。就像编写普通的用户函数一样，主函数可以带参数，也可以不带参数。

主函数的形式参数只有两个：一个形式参数是记录了参数的个数，这是一个整型的形式参数，其名称规定为“argc”；第二个形式参数依次记录了在调用该主函数（即执行程序）时给出的实际参数内容（字符串），这个形式参数是一个字符指针型数组，每个元素指向一个实际参数对应的字符串，第二个形式参数名称规定为“argv[]”。

带参数的主函数在定义时，其函数头的定义规定如下：

```
main(argc,argv)
int argc;     /*第 1 个形式参数:整型*/
char *argv[]; /*第 2 个形式参数:字符指针型数组*/
```

如果主函数不带参数，执行目标程序时只要按下列格式输入程序名然后回车就可以了：

程序名

通常把在操作系统下按上述格式执行目标程序时输入的一行称为“命令行”。

若主函数带参数，则执行目标程序时，应按下列格式给出相应的实际参数：

程序名　实际参数 1　实际参数 2　…实际参数 n

此时，系统会自动在内存中开辟区域依次存放程序名和所有的实际参数，同时给主函数的形式参数赋值，结果如下：

形参 argc 赋值为 n+1，表示连同程序名在内共有 n+1 个参数。

形参 argv[0]赋值为存放“程序名”字符串的首地址；

argv[1]赋值为存放“实际参数 1”字符串的首地址；

……

argv[n]赋值为存放“实际参数 n”字符串的首地址。

例如，有一个名为“my_copy.c”的程序，其主函数带有参数。如果在执行时，输入的命令行如下：my_copy c:\ccw1.txt d:\ccw2.txt

则形式参数的值如下：

argc=3;

argv[0]指向字符串“my_copy”;

argv[1]指向字符串“a:\ccw1.txt”;

argv[2]指向字符串“a:\ccw2.txt”。

在程序中，可以通过形式参数获得相应的实际参数，参与程序的运算和加工。

例 7.22 编写一个带参数的主函数。

```
#include <stdlib.h>
#include <stdio.h>/*程序中用到数据转换类函数*/
main(argc,argv)
int argc;
char *argv[];
{ int x,y,sum;
x=atoi(argv[1]); /*将第 1 个实际参数对应的字符串转换成整数存入 x*/
y=atoi(argv[2]); /*将第 2 个实际参数对应的字符串转换成整数存入 y*/
sum=x+y;
printf("%d+%d=%d\n",x,y,sum);
}
```

注意：程序运行时，在程序名后带有 2 个整数，程序的功能是输出这 2 个整数的和。如该源程序名为 test.c，则运行时输入：test 5 10，输出结果为

5+10=15。

7.3.3 返回指针值的函数

返回指针值的函数称为指针函数，是指带指针的函数，即其实质是一个函数，只是函数返回类型是某一类型的指针。当一个函数声明其返回值为一个指针时，实际上就是返回一个地址给调用函数，以用于需要指针或地址的表达式中，格式如下：

类型标识符 *函数名<参数表>

当然了，由于返回的是一个地址，所以类型说明符一般都是 int。

例如：int *GetDate();

int *aaa(int,int);

函数返回的是一个地址值，这种指针函数经常用于返回数组的某一元素地址。

注意指针函数与函数指针表示方法的不同，千万不要混淆。最简单的辨别方式就是看函数名前面的*号有没有被括号包含，如果被包含就是函数指针，反之则是指针函数。

例 7.23　指针函数的使用。

```
#include "stdio.h"
int *GetDate(int wk,int dy);
main()
{
int wk,dy;
do
{
printf("Enter week(1 - 5),day(1 - 7)\n");
scanf("%d,%d",&wk,&dy);
}
while(wk<1||wk>5||dy<1||dy>7);
printf("%d\n",*GetDate(wk,dy));
}
int * GetDate(int wk,int dy)
{
static int calendar[5][7]=
{
{1,2,3,4,5,6,7},
{8,9,10,11,12,13,14},
{15,16,17,18,19,20,21},
{22,23,24,25,26,27,28},
{29,30,31, - 1}
};
return&calendar[wk - 1][dy - 1];
}
```

程序应该是很好理解的，子函数返回的是数组某元素的地址。主函数输出的是这个地址里的值。

7.3.4　指向函数的指针

指向函数的指针即是函数指针，其本质是一个指针变量。指向函数的指针包含了函数的地址，可以通过它来调用函数。函数指针的格式如下：

类型说明符 (*函数名)(参数)

其实这里不能称为函数名，应该叫做指针的变量名。这个特殊的指针指向一个返回整型值的函数。指针的声明必须和它指向函数的声明保持一致。

指针名和指针运算符外面的括号改变了 C 语言默认的运算符优先级。如果没有圆括号，该语句就变成了一个返回整型指针的函数的原型声明。例如：void (*fptr)();

把函数的地址赋值给函数指针，可以采用下面两种形式：

```
fptr=&Function;
fptr=Function;
```

取地址运算符&不是必需的，因为只需一个函数标识符就可以表示它的地址。如果是函数调用，还必须包含一个圆括号括起来的参数表。

可以采用如下两种方式通过指针来调用函数：

```
x=(*fptr)();
x=fptr();
```

第二种格式看上去和函数调用无异。但是有些程序员倾向于使用第一种格式，因为它明确指出了是通过指针而非函数名来调用函数。

例 7.24 函数指针的使用。

```
#include "stdio.h"
void (*funcp)();
void FileFunc(),EditFunc();
main()
{
funcp=FileFunc;
(*funcp)();
funcp=EditFunc;
(*funcp)();
}
void FileFunc()
{
printf("FileFunc\n");
}
void EditFunc()
{
printf("EditFunc\n");
}
```

函数指针与指针函数主要的区别是一个是指针变量，一个是函数。在使用是必须要搞清楚才能正确使用。

7.4 C 语言程序实例

7.4.1 实训 1：统计一个月的平均温度

项目内容：某地的温度全年都在零度以上，假定每月统计一次平均气温，现编程实现：输入若干天的温度值，求平均温度。

分析：根据情况可以考虑用数组存放输入的若干个温度值。当输入完所需处理的温度后，输入 0 作为结束标志，然后对已输入的温度求平均值。输入温度的个数一方面要受到天数（day<32）的限制，另一方面还要受到当输入值为 0 的限制，因此 day 的最大值可为 32。同时，由于最终要求平均温度，因此输入一个温度值，统计温度个数的计数器就要相应增加 1。考虑到一天只有一个温度值，所以可以用 day 作为控制循环输入温度的条件，同时也以 day 作为统计温度个数的计数器。但是，这样有一个问题不容忽视：即当 day 达到某一值时，若不再输入温度，而是输入结束标志 0 时，则计数器 day 会比实际有效温度的个数多 1。也就是说，最后结束时那一天的温度值不能参与求平均值。

完整的源程序如下：

```
#include <stdio.h>
main()
{
float   temp[32],*p,aver=0; /*数组 temp 用来存放有效温度，aver 为存放有效平均值的变量*/
int valid_day,day;
float sum=0;   /*sum 变量用来存放有效温度的和*/
p=temp;            /*数组的首地址赋给指针变量 p*/
for(day=1;day<=32;day++)
{
printf("\nEnter temperature   for %d   day:",day); /*提示输入某天的温度*/
  scanf("%f ",p++);   /*输入温度值存储到相应的地址单元中*/
  if(*(p – 1)==0)           /*判断刚输入的温度值是否为 0*/
    break;      /*当 break 执行退出循环时,for 括号中的 day++同样要执行一次*/
  }
valid_day =day – 1;/*由于输入的最后一天不算,故多出 1 天*/
p=temp; /*由于输入结束时指针指向了结束标志 0 所存储的单元,因此指针要复位*/
for(day=1;day<= valid_day;day++)
    sum+=*p++;    /*从数组元素所在的第一个单元起逐一对温度求和*/
aver=sum/valid_day;    /*求有效的平均温度*/
printf("\naver=%f ",aver);   /*输出平均温度*/
}
```

7.4.2 实训 2：使用指针和函数实现三个数排序

项目内容：任意输入 a、b、c 三个数，按大小顺序输出（要求用指针与函数来实现）。

完整的源程序如下：

```
#include <stdio.h>
swap(int *p1,int *p2)   /*两个数比较交换的函数*/
{
int temp;
temp=*p1;
```

```
*p1=*p2;
*p2=temp;
}
exchange(int *q1,int *q2,int *q3)      /*实现 3 个数交换的排序的函数*/
{
if(*q1<*q2)
swap(q1,q2); /*当满足条件时调用 swap 函数实现真正的排序*/
if(*q1<*q3)
swap(q1,q3); /*当满足条件时调用 swap 函数实现真正的排序*/
if(*q2<*q3)
swap(q2,q3); /*当满足条件时调用 swap 函数实现真正的排序*/
 }
main()
{
int a,b,c,*p11,*p22,*p33;
   printf("请输入要比较的三个数 a,b,c:\n");
   scanf("%d,%d,%d",&a,&b,&c);
   p11=&a;
   p22=&b;
   p33=&c; /*指针变量赋值*/
   exchange(p11,p22,p33); /*调用事先编好的函数 exchange()来实现排序*/
   printf("从大到小依次排序为:");
   printf("\n%d,%d,%d\n",a,b,c);
}
```

实训总结：

通过实训，学会正确灵活地运用指针，可以有效地表示复杂的数据结构；能动态分配内存；能方便地使用字符串；有效而方便地使用数组；在调用函数能够得到多于 1 个的值。这些对设计系统软件是很必要的。掌握指针的应用，可以使程序简洁、紧凑、高效，进一步提高编写程序的能力。

参考答案

7.5 习　题

一、单选题

1. 以下程序中调用 scanf()函数给变量 a 输入数值的方法是错误的，其错误原因是（　　）。

```
main()
{ int *p ,*q , a,b ;
```

```
p =&a ;
printf ("input a:") ;
scanf ("%d", *p) ;
}
```

（A）*p 表示的是指针变量 p 的地址

（B）*p 表示的是变量 a 的值，而不是变量 a 的地址

（C）*p 表示的是指针变量 p 的值

（D）*p 只能用来说明 p 是一个指针变量

2. 已有定义 int k = 2 ; int *ptr1,*ptr2 ;且 ptr1 和 ptr2 均已指向变量 k ,下面不能正确执行的赋值语句是（　　）。

（A）k=*ptr1+*ptr2;

（B）ptr2 = k;

（C）ptr1 = ptr2;

（D）k = *ptr1 *(*ptr2);

3. 变量的指针，其含义是指该变量的（　　）。

（A）值　　（B）地址　　（C）名　　（D）一个标志

4. 若有语句 int *point , a=4 ; 和 point = &a ; 下面均代表地址的一组选项是（　　）。

（A）a , point ,*&a

（B）&*a ,&a , *point

（C）*&point , *point , &a

（D）&a ,& *point ,point

5. 若需要建立如图 7.3 所示的存储结构，且已有说明 float *p , m = 3.14 ;则正确的赋值语句是（　　）。

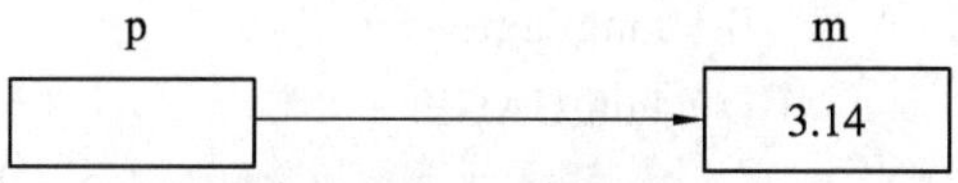

p　　m

3.14

图 7.3　存储结构图

（A）p=m;　　（B）p=&m;　　（C）*p=m;　　（D）*p = &m ;

6. 若有说明语句：

int *p,m=5, n;

则以下正确的程序段是（　　）。

（A）p=&n;

scanf ("%d",&p);

（B）p=&n;

scanf ("%d",&p);

（C）scanf ("%d", &n);

*p=m;

（D）p=&n;

*p=m;

7. 下面能正确进行字符串赋值操作的是（　　）。

（A）char s[5] = {“ABCDE”};

（B）char s[5] = {’A’,’B’,’C’,’D’,’E’};

（C）char *s ;s = “ABCDE”;

（D）char *s ; scanf (“%s”,s) ;

8. 下面程序段的运行结果是（　　）。

```
char *s =“abcde”;
s + = 2;
printf (“%d”,s) ;
```

（A）cde　　　　（B）字符’c’

（C）字符’c’的地址　　　　（D）无确定的输出结果

9. 设 p1 和 p2 是指向同一个字符串的指针变量，c 为字符变量，则以下不能正确执行的赋值语句是（　　）。

（A）c=*p1+*p2;　　　　（B）p2=c;

（C）p1=p2;　　　　（D）c=*p1*(*p2) ;

10. 下面程序段的运行结果是（　　）。

```
char str[ ] =“ABC”, *p = str;
printf (“%d\n” , *(p+3));
```

（A）67　（B）0　（C）字符’C’的地址　（D）字符’C’

11. 下面程序段的运行结果是（　　）。

```
char   a[ ] = “language”,*p;
          p = a;
while ( *p ! = ’u’ )     { printf (“%c” ,*p – 32) ; p+ + ; }
```

（A）LANGUAGE　　　　（B）language

（C）LANG　　　　（D）langUAGE

12. 若有语句：char s1[ ] =“string”, s2[8] ,*s3,*s4 = “string2”; 则对库函数 strcpy()的错误调用是（　　）。

（A）strcpy(s1, “string2”);　　　　（B）strcpy(s4, “string1”);

（C）strcpy(s3, “string1”);　　　　（D）strcpy (s1,s2);

13. 下面说明不正确的是（　　）。

（A）char a[10] = “china”;

（B）char a[10],*p = a;　p = “china”;

（C）char *a;　a = “china”;

（D）char a[10] ,*p;　p = a = “china”;

14. 若已定义 char s[10];则在下面表达式中不表示 s[1]的地址的是（　　）。

（A）s + 1　　（B）s + +　　（C）&s[0] + 1　　（D）&s[1]

15. 若有以下定义，则对 a 数组元素的正确引用是（　　）。

```
int   a[5] ,*p = a ;
```

（A）*&a[5]　　（B）a+2　　（C）*(p + 5)　　（D）*(a + 2)

16. 若有以下定义，则对 a 数组元素地址的正确引用是（　　）。

int a[5] , *p = a ;

（A）p + 5　　（B）*a + 1　　（C）& a + 1　　（D）&a[0]

二、分析程序或程序段，写出运行结果

1.
```
#include <stdio.h>
main( )
{ int a=28,b;
char s[10] ,*p ;
p = s ;
do
{ b=a%16 ;
if(b<10)
*p = b+48;
else
*p=b+55;
p++;
a=a/5;
}while (a>0);
*p='\0' ;
puts(s);
 }
```
运行结果：

2.
```
#include <stdio.h>;
#include <string.h>
main( )
{ char *p1,*p2, str[50]="abc";
p1=str;
p2=str;
strcpy(p1,"abc");
strcpy(p2,"abc");
strcpy(str+1,strcat(p1,p2));
printf("%s\n",str);
}
```
运行结果：

3.
```
swap(int *p1,int *p2)
{ int p;
```

```
p=*p1;
*p1=*p2;
*p2=p;
}
main( )
{ int a=5,b=7,*ptr1;*ptr2;
  ptr1=&a;
  ptr2=&b;
swap(ptr1,ptr2);
printf("*ptr1=%d,*ptr2=%d\n",*ptr1,*ptr2);
printf("a=%d,b=%d\n",a,b);
}
```

运行结果：

4. char s[80],*sp="HELLO!";

```
sp=strcpy(s,sp);
s[0]='h';
puts(sp);
```

运行结果：

5. char s[20]="abcd";

```
char *sp=s;
sp++;
puts(strcat(sp,"ABCD"));
```

运行结果：

三、编写程序（要求用指针方法处理）。

1. 输入 3 个整数，按由小到大的顺序输出。

2. 输入 3 个字符串，按由小到大的顺序输出。

3. 输入 10 个整数，将其中最小的数与第一个数对换，把最大的数与最后一个数对换。写 3 个函数：① 输入 10 个数；② 进行处理；③ 输出 10 个数。

4. 输入一行文字，找出其中大写字母、小写字母、空格、数字以及其他字符各有多少个。

第 8 章　结构体与共用体

本章源代码

学习要求：掌握结构体与共用体的基本应用。

主要内容：结构体与共用体，是 C 语言中的一种构造数据结构。本章介绍结构体类型、结构体变量、结构体数组、结构体指针、链表、共用体类型及变量等。

结构体与共用体，是 C 语言中的一种构造数据结构。在说明和使用之前必须先定义它们，这如同在说明和调用函数之前要先定义函数一样。

8.1　结构体类型与结构体变量

C 语言允许用户自己指定这样一种数据结构，它由不同类型的数据组合成一个整体以便引用。这些组合在一个整体中的数据是互相联系的，这样的数据结构称为结构体。

结构体既然是一种“构造”而成的数据类型，那么在说明和使用之前必须先定义它，也就是构造它（或创造它），这如同在说明和调用函数之前要先定义函数一样。

定义了结构体类型，然后用这个类型定义出来的变量就是结构体变量。

8.1.1　结构体类型的定义

声明一个结构体类型的一般形式如下：

```
struct 结构体名
{
成员列表
};
```

结构体名，用作结构体类型的标志，它又被称为结构体标记，{ }内是该结构体中的各个成员，由它们组成一个结构体。对结构体内的各成员都应进行类型声明。例如：

类型名 成员名;

也可以把成员列表称为域表，其中的一个成员也称为结构体中的一个域。成员名的命名规则与变量名相同。例如：

```
struct student
```

```
{
    int num;
    char name[20];
    char sex;
    int age;
    float score;
    char addr[30];
};
```

8.1.2 结构体变量的定义及初始化

1. 结构体类型变量的定义

在 8.1.1 节中我们指定了一个结构体类型，它相当于一个模型，但其中并无具体数据，系统对之也不分配实际内存单元。为了能在程序中使用结构类型的数据，应当定义结构体类型的变量，并在其中存放具体的数据。可以采取以下三种方法定义结构体类型变量。

（1）先声明结构体类型再定义变量名。

8.1.1 节中已定义了一个结构体类型 struct student，可以用它来定义变量。例如：

```
struct student    student1, student2/*结构体变量名*/
```

则表示定义了 student1, student2 为 struct student 类型的变量。

在定义了结构体变量后，系统会为之分配内存单元（如 student1 和 student2 在内存中各占 59 个字节）。

应当注意，将一个变量定义为标准类型（基本数据类型）与定义为结构体类型的不同之处在于后者不仅要求指定变量为结构体类型，而且要求指定为某一特定的结构体类型（如 struct student 类型），因为程序可以定义出许多种不同的结构体类型。而在定义变量为整型（或其他基本数据类型）时，只需指定为 int 型即可。

（2）在声明类型的同时定义变量。

```
struct student
{
    int num;
    char name[20];
    char sex;
    int age;
    float score;
    char addr[30];
}student1, student2;
```

它的作用与第一种方法相同，即定义了两个 struct student 类型的变量 student1, student2，这种方法定义的一般形式为：

```
struct 结构体名
    {
```

```
成员表列
}变量名表列;
```

（3）直接定义结构类型变量。

其一般形式为：

```
struct
{
成员表列
}变量名表列;
```

即不出现结构体名。

关于结构体类型，有几点要说明：

（1）类型与变量是不同的概念，不能混淆。只能对变量赋值、存取或运算，而不能对一个类型赋值、存取或运算。在编译时，对类型是不分配空间的，只对变量分配空间。

（2）对结构体中的成员（即域）可以单个使用，它的作用与地位相当于普通变量。

（3）结构体中的成员也可以是一个结构体变量。

```
struct date /* 声明一个结构体类型*/
{
    int month;
    int day;
    int year;
};
struct student
{
    int num;
    char name[20];
    char sex;
    int age;
    struct date birthday;
    char addr[30];
}student1, student2;
```

先声明一个 struct date 类型，它代表日期并包括 3 个成员 month, day, year。然后再声明 struct student 类型时，将成员 birthday 指定为 struct date 类型。

（4）成员名可以与程序中的变量名相同，二者不代表同一对象。

2. 结构体变量的初始化

和其他类型变量一样，结构体变量也可以在定义时指定初始值。

```
#include <stdio.h>
struct student

{
```

```
    long int num;
    char name[20];
    char sex;
    char addr[30];
}a = {89031, "Li Lin", 'M', "123 Beijing Road"};
void main()
{
    printf("NO. : %d\nname: %s\nsex: %c\naddress: %s\n", a.num, a.name, a.sex, a.addr);
}
```

8.1.3 结构体变量的引用

在定义了结构体变量以后，就可以引用这个变量。但应遵守以下规则：

（1）不能将一个结构体变量作为一个整体进行输入和输出。

在输出结构体数据时只能对结构体变量中的各个成员分别进行输入输出。引用结构体变量中的成员的方式为：

结构体变量名.成员名

例如，student1.num 表示 student1 变量中的 num 成员，即 student1 的 num 项。

可以对变量的成员赋值。例如：

```
student1.num = 10010;
```

"."是成员（分量）运算符，它在所有的运算符中优先级最高，因此可以把 student1.num 作为一个整体来看待。上面的赋值语句的作用是将整数 10010 赋给 student1 变量中的成员 num。

（2）如果成员本身又是一个结构体类型，则要使用若干个成员运算符，一级一级地找到最低一级的成员。只能对最低的成员进行赋值、存取或运算。

例如，结构体变量 student1 可以这样访问各成员：

```
student1.num
student1.birthday.month
```

注意： 不能用 student1.birthday 来访问 student1 变量中的成员 birthday，因为 birthday 本身是一个结构体变量。

（3）对结构体变量的成员可以像普通变量一样进行各种运算（根据其类型决定可以进行的运算）。

```
student2.score = student1.score;
sum = student1.score + student2.score;
student1.age ++;
++ student1.age;
```

由于"."运算符的优先级最高，因此 student1.age ++ 是对 student1.age 进行自加运算。而不是先对 age 进行自加运算。

（4）可以引用结构体变量成员的地址，也可以引用结构体变量的地址。

```
scanf("%d", &student1.num);// 输入 student1.num 的值
printf("%o", &student1);// 输出 student1 的首地址
```

但不能用以下语句整体读入结构体变量：

```
scanf("%d,%s,%c,%d,%f,%s", &student1);
```

结构体变量的地址主要用作函数参数，传递结构体的地址。

8.2　结构体数组

一个结构体变量中可以存放一组数据（如一个学生的学号、姓名、成绩等数据）。如果有 10 个学生的数据需要参加运算，显然应该用数组，这就需要用到结构体数组。结构体数组与以前介绍过的数据值的型数组不同之处在于，每个数组元素都是一个结构体类型的数据，它们分别包括多个成员（分量）项。

8.2.1　结构体数组的定义与初始化

1. 结构体数组的定义

和定义结构体变量的方法相似，定义结构体数组时只需说明其为数组即可。

```
struct student
{
  int num;
  char name[20];
  char sex;
  int age;
  float score;
  char addr[30];
};
struct student stu[3];
```

以上语句定义了一个数组 stu，其元素为 struct student 类型数据，数组有 3 个元素。也可以直接定义一个结构体数组，例如：

```
struct student
{
  int num;
  …
}stu[3];
或
struct
{
  int num;
```

```
    …
}stu[3];
```

2. 结构体数组的初始化

与其他类型数组一样，对结构体数组也可以初始化。例如：

```
struct student
{
    int mum;
    char name[20];
    char sex;
    int age;
    float score;
    char addr[30];
}stu[3] = {{10101,"Li Lin", 'M', 18, 87.5, "103 Beijing Road"},
           {10101,"Li Lin", 'M', 18, 87.5, "103 Beijing Road"},
           {10101,"Li Lin", 'M', 18, 87.5, "103 Beijing Road"}
};
```

定义数组 stu 时，元素个数可以不指定，即写成以下形式：

```
stu[] = {{...},{...},{...}};
```

编译时，系统会根据给出初值的结构体常量的个数来确定数组元素的个数。

当然，数组的初始化也可以用以下形式：

```
struct student
{
    int num;
...
};
struct student stu[] = {{...},{...},{...}};
```

即先声明结构体类型，然后定义数组为该结构体类型，在定义数组时初始化。

从以上示例中可以看到，结构体数组初始化的一般形式是在定义数组的语句后面加上赋值语句即可。

例 8.1 结构体数组的定义和引用。

```
#include <stdio.h>
#include <string.h>
#include <stdlib.h>
struct person
{
    char name[20];
    int count;
}leader[3] = {{"Li", 0},
```

```
  {"Zhang", 0},
{"Fun", 0}
};
void main()
{
  int i, j;
  char leader_name[20];
  for(i = 1; i<= 10;i++)
  {
    scanf("%s", leader_name);
    for(j=0;j<3;j++)
      if(strcmp(leader_name, leader[j].name) == 0)
        leader[j].count ++;
  }
  printf("\n");
  for(i=0;i<3;i++)
    printf("%5s: %d\n", leader[i].name, leader[i].count);
  system("pause");
}
```

8.2.2 对结构体数组元素的操作

一个结构体数组元素相当于一个结构体变量，元素成员的访问使用数组元素的下标来实现。

结构体数组元素成员的访问形式：

结构体数组名[元素下标].结构体成员名

例如：

student[0].ID=1001;

可以将一个结构体数组元素整体赋给同一结构体数组的另一个元素，或赋给同一结构体类型的变量。例如：

student [1]= student [2];

与结构体变量一样，结构体数组元素也不能作为一个整体进行输入输出，只能通过赋值单个成员的形式实现。

例 8.2　输入结构体数组元素，编写函数结构体数组中的相应记录。

```
#include <stdio.h>
#define REC 10/*最大数组长度*/
typedef struct sqlist/* 结构体*/
{
    int data;   /*数据*/
```

```
    struct sqlist* next;
} Sqlist;

void input(Sqlist s[],int *n)/*数据输入*/
{
    int i=0;
    printf("请输入记录个数\n");
    scanf("%d",n);
    printf("请输入%d 个数据\n",*n);
 for(i=0;i<*n;i++)
 {
  scanf("%d",&s[i].data);
 }
 printf("数据输入完毕\n");
}

void print(Sqlist s[],int n)/*数据输出*/
{
    int i;
    for(i=0;i<n;i++)
        printf("%d",s[i]);
    printf("\n");
}

void dele(Sqlist s[],int *n,int data)/*删除记录*/
{
 int i;
 for(i=0; i<*n; i++)
     if(data==s[i].data) break;
 if(i==*n)
 {printf("没找到相应记录\n");return;}
 for(;i<*n;i++)
 s[i]=s[i+1];
 (*n) - - ;
 printf("删除成功\n");
}

void main()
{
    Sqlist sq[REC];
```

```
    int data;
    int len=0; /*数组实际长度*/
    input(sq,&len);
    print(sq,len);
    printf("请输入要删除的数据\n");
    scanf("%d",&data);
    dele(sq,&len,data);
    print(sq,len);
}
```

8.3　指向结构体的指针

当一个指针指向一个结构体变量时，称为结构体指针变量。结构体指针变量中的值是所指向的结构变量的首地址，通过结构指针即可访问该结构变量。这与数组指针和函数指针的情况是相同的。结构体指针变量定义的一般形式为：

struct 结构类型名 *结构指针变量名

在定义了 struct student 结构类型后，如要定义一个指向该结构类型的指针变量 pstu，可写为：

struct student *pstu;

当然也可在定义 struct student 结构类型的同时定义 pstu。与前面讨论的各类指针变量相同，结构指针变量也必须要先赋值后使用。

赋值是把结构变量的首地址赋予该指针变量，而不能把结构名赋予该指针变量。如果 student1 是被说明为 struct student 类型的结构变量，则：

pstu = &student1;

就是对结构指针进行赋值。有了结构指针变量，就能更方便地访问结构变量的各个成员。其访问的一般形式为：

(*结构指针变量).成员名

或者：

结构指针变量 – >成员名

例如：

(*pstu).name

或者：

pstu – >name

以上西方形式都是对 student1 结构体的 name 成员的访问。

注意：(*pstu)两侧的括号不可少，因为成员符“.”的优先级高于“*”，如去掉括号写做 *pstu.num 则等效于*(pstu.num)，其意义就完全不对了。

8.3.1 指向结构体变量的指针

在 C 语言中，几乎可以创建指向任何类型的指针，包括用户自定义的类型。创建结构体指针是极常见的。例如：

```
typedef struct
{   char name[21];
char city[21];
char state[3];
} Rec;
typedef    Rec *RecPointer;
RecPointer r;
r=(RecPointer)malloc(sizeof(Rec));
```

r 是一个指向结构体的指针。请注意，因为 r 是一个指针，所以像其他指针一样占用 4 个字节的内存。而 malloc 语句会从堆上分配 45 字节的内存。*r 是一个结构体，像任何其他 Rec 类型的结构体一样。下面的代码段显示了这个指针变量的典型用法：

```
strcpy((*r).name, “Leigh”);
strcpy((*r).city, “Raleigh”);
strcpy((*r).state, “NC”);
printf(“%sn”, (*r).city);
free(r);
```

可以像对待一个普通结构体变量那样对待*r，但在遇到涉及 C 语言的操作符优先级问题时要小心。如果去掉*r 两边的括号则代码将无法编译，因为“.”操作符的优先级高于“*”操作符。使用结构体指针时不断地输入括号是令人厌烦的，为此 C 语言引入了一种简记法达到相同的目的。例如：

```
strcpy(r－>name, “Leigh”);
```

8.3.2 指向结构体数组的指针

除了可以指向结构体变量的指针，还可以创建指向结构体数组的指针。

首先我们创建指向整数数值的指针：

```
int *p;
int i;
p=(int *)malloc(sizeof(int[10]));
for (i=0; i<10; i++)
    p[i]=0;
free(p);
```

也可以采用以下方式：

```
int *p;
int i;
```

```
p=(int *)malloc(sizeof(int[10]));
for (i=0; i<10; i++)
*(p+i)=0;
free(p);
```

可见要创建指向整数数组的指针，只需创建一个普通的整数指针，调用 malloc()函数分配合适的数组空间，然后将指针指向数组的第一个元素即可。访问数组元素既可以用普通的数组下标也可以用指针运算。指向数组的指针尤其适用于字符串，可以为某个特定大小的字符串分配刚好合适的内存。

例 8.3　指向结构体数组的指针。

```
#include <stdio.h>
struct student
{
 int num;
 char name[20];
 char sex;
 int age;
};
/*指向结构体类型的数组的初始化*/
struct student stu[3]={ {10101,“Li Lin”, ’M’,18},
{10102,“Zhang Fun”, ’M’,19},
{10104,“Wang Min”, ’F’,20}
};
void main()
{
struct student *p;   /*指向结构体类型的指针变量*/
printf("NO   Name   Sex   Age\n");
for(p=stu;p<stu+3;p++)/*循环地址*/
 {
/*printf(“%5d% – 20s %2c %4d\n”,p – >num,p – >name,p – >sex,p – >age); 等价于*/
   printf(“%5d% – 20s %2c %4d\n”,(*p).num,(*p).name,(*p).sex,(*p).age);
 }
 system(“pause”);
 }
```

8.4　结构体的应用——链表

链表是一种最简单也最常用的动态数据结构，可以类比成一“环”接一“环”的链条。每一个环都视作一个节点，节点串在一起形成链表，如图 8.1 所示。

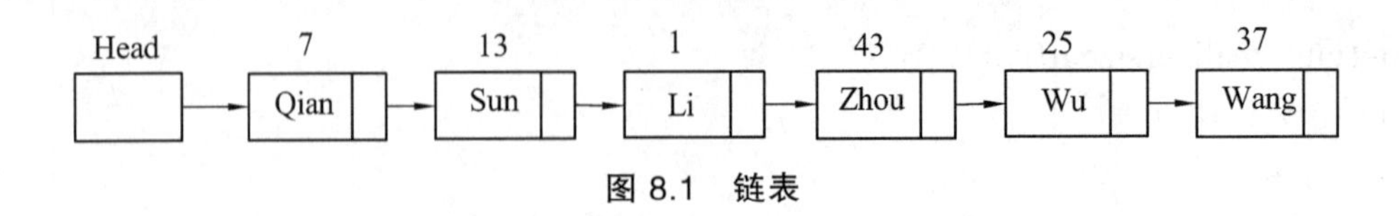

图 8.1 链表

8.4.1 链表的概念

链表（Linked list）是一种常见的基础数据结构，是一种线性表，但是并不会按线性的顺序在内存中存储数据，而是在每一个节点里存储指向下一个节点的指针（Pointer）。由于不必按顺序存储，链表在插入的时候比较高效快捷。

使用链表结构可以克服数组链表需要预先知道数据大小的缺点，链表结构可以充分利用计算机内存空间，实现灵活的动态内存管理。但是链表失去了数组随机读取的优点，同时由于增加了结点的指针域，其空间开销比较大。

链表有很多种不同的类型，如单向链表，双向链表以及循环链表等。链表可以在多种编程语言中实现。像 Lisp 和 Scheme 这样的语言，其内建数据类型中就包含了链表的存取和操作。程序语言或面向对象语言（如 C,C++和 Java），依靠易变工具来生成链表。

8.4.2 链表结点的定义

单链表一般都有一个头节点 head，指向链表在内存中的首地址。链表中的每一个节点的数据类型为结构体类型，节点有两个成员：整型成员（实际需要保存的数据）和指向下一个结构体类型节点的指针即下一个节点的地址（事实上，此单链表是用于存放整型数据的动态数组）。链表按此结构对各节点的访问需从链表的 head 找起，后续节点的地址由当前节点给出。无论在表中访问哪一个节点，都需要从链表的 head 开始，顺序向后查找。链表的尾节点由于无后续节点，其指针域为空，写作为 NULL。

链表中的各节点在内存的存储地址不是连续的，其各节点的地址是在需要时向系统申请分配的。系统根据内存的当前情况，既可以分配连续地址，也可以分配跳跃式地址。

链表节点的数据结构定义：

```
struct node
{
int num;
struct node *p;
} ;
```

在链表节点的定义中，除一个整型的成员外，成员 p 是指向与节点类型完全相同的指针。

在链表节点的数据结构中，非常特殊的一点就是结构体内的指针域的数据类型使用了未定义成功的数据类型。这是在 C 语言中唯一规定可以先使用后定义的数据结构。

8.4.3 链表的建立

链表包括单链表、双向链表和循环链表等。

所谓单链表，是指数据节点单向排列的链表。一个单链表结点，其结构类型分为两部分：

（1）数据域：用来存储节点数据

（2）链域（或指针域）：用来存储下一个节点地址（或者说指向其直接后继的指针）。

单链表的创建过程有以下几步：

（1）定义链表的数据结构。

（2）创建一个空表。

（3）利用 malloc( )函数向系统申请分配一个节点。

（4）将新节点的指针成员赋值为空。若是空表，将新节点连接到表头；若是非空表，将新节点接到表尾。

（5）判断一下是否有后续节点要接入链表，若有转到（3），否则结束。

例 8.4　创建一个存放正整数（输入－999 作结束标志）的单链表，并打印输出。

```
#include <stdlib.h> /*包含 malloc( )的头文件*/
#include <stdio.h>
struct node /*链表节点的结构*/
{
int num;
struct node *next;
} ;
main( )
{
struct node *creat(); /*函数声明*/
void print();/*函数声明*/
struct node *head; /*  定义头指针*/
head=NULL;/*建一个空表*/
head=creat(head);/*函数调用,创建单链表*/
print(head);/*打印单链表*/
}

struct node *creat(struct node*head)/*函数返回的是与节点相同类型的指针*/
{
struct node *p1,*p2;
p1=p2=(struct node*)malloc(sizeof(struct node));/*申请新节点*/
scanf("%d",&p1 - >num);/*输入节点的值*/
p1 - >next=NULL;/*将新节点的指针置为空*/
while(p1 - >num>0)/*输入节点的数值大于 0*/
{
if(head==NULL)
head=p1;/*空表,接入表头*/
else
```

```
p2 – > next=p1;/*非空表,接到表尾*/
p2=p1;
p1=(struct node*)malloc(sizeof(struct node));/*申请下一个新节点*/
scanf("%d",&p1 – >num);/*输入节点的值*/
}
return head;/*返回链表的头指针*/
}

void print(struct node*head)/*输出以 head 为头的链表各节点的值*/
{
struct node *temp;
temp=head;/*取得链表的头指针*/
while(temp!=NULL)/*只要是非空表*/
{
printf("%6d",temp – >num);/*输出链表节点的值*/
temp=temp – >next;/*跟踪链表增长*/
}
}
```

在链表的创建过程中，链表的头指针是非常重要的参数。因为对链表的输出和查找都要从链表的头开始，所以链表创建成功后，要返回一个链表头节点的地址，即头指针。

8.4.4 链表的基本操作

建立了一个单链表之后，如果要进行一些插入、删除等操作该如何操作？下面介绍一些单链表的基本算法，来实现这些操作。单链表的基本运算包括创建、插入和删除等。

例 8.5 链表的插入和删除。

```
#include <stdio.h>
#include <malloc.h>
#include <string.h>

typedef struct node {       /*单链表存储类型*/
    char data;              /*定义结点的数据域*/
    struct node *next;      /*定义结点的指针域*/
} linklist;

void init_list(linklist *l)
{
    l=(linklist *)malloc(sizeof(linklist));
    l – >next=NULL;    /*头结点 L 指针域为空,表示空链表*/
```

```
}

void creat_list(linklist *l)
{
    linklist *s,*last;
    char temp;
    last=l;
    while((temp=getchar())!='#')
    {
        s=(linklist *)malloc(sizeof(linklist));
        s – >data=temp;
        s – >next=NULL;
        last – >next=s;
        last=s;
    }
}

void prin_list(linklist *l)
{
    linklist *p;
    p=l – >next;
    while(p!=NULL)
    {
        printf("%c",p – >data);
        p=p – >next;
    }
    printf("\n");
}

int len_list(linklist *l)
{
    linklist *p;int k=0;
    p=l – >next;
    while(p!=NULL)
    {
        k++;
        p=p – >next;
    }
    return k;
```

```
}

void in_list(linklist *l,char x)
{
    linklist *p,*f;
    f=(linklist *)malloc(sizeof(linklist));
    p=l;
    while(p – >next!=NULL)
    {
        p=p – >next;
    }
    f – >data=x;
    f – >next=NULL;
    p – >next=f;
}

void del_list(linklist *l,int x)
{
    linklist *p,*f;int i=1;
    p=l;
    f=l – >next;
    while(i<x)
    {
        p=p – >next;
        f=f – >next;
        i++;
    }
    p – >next=f – >next;
}

void main()
{
    linklist
    *llist;
    int length,i;
    char a;
    llist=(linklist *)malloc(sizeof(linklist));
    init_list(llist);
    printf("请输入字符串,以#结束\n");
```

```
    creat_list(llist);
    prin_list(llist);
    length=len_list(llist);
    printf("线性链表长度:%d\n",length);
    printf("输入要插入元素:");
    scanf("%s",&a);
    in_list(llist,a);
    prin_list(llist);
    printf("输入要删除元素位置:");
    scanf("%d",&i);
    del_list(llist,i);
    prin_list(llist);

}
```

8.5 共用体类型

在程序设计时，有时需要使几种不同类型的变量存放到同一段内存单元中。例如，需要将一个整型变量、一个字符型变量和一个实型变量放在同一地址开始的内存单元中。以上 3 个变量在内存单元中占的字节数不同，但是都从同一地址开始存放。

共用体也是一种构造数据类型，它将不同类型的变量存放在同一内存区域内。共用体也称为联合（union）。共用体的类型定义、变量定义及引用方式与结构体相似，但它们有着本质的区别：结构变量的各成员占用连续的不同存储空间，而共用体变量的各成员占用同一段存储空间。

8.5.1 共用体的定义

共用体变量的定义与结构体变量定义相似。首先，必须构造一个共用体数据类型，再定义这种类型的变量。

共用体类型定义的一般方法：

union 共用体名
{ 共用体成员表
}；

其中，共用体成员表是对各成员的定义，形式为：

类型说明符 成员名;

与定义结构体变量一样，定义共用体变量的方法有以下三种：

（1）先定义共用体类型，再定义该类型数据。

union data

```
{
char n[10];
int a;
double f;
};
union data x,y[10];
```

（2）在定义共用体类型的同时定义该类型变量。

```
union data
{
char n[10];
int a; double f;
}x,y[10];
```

（3）不定义共用体类型名，直接定义共用体变量。

```
union
{
char n[10];
int a;
double f;
}x,y[10];
```

定义了共用体变量后，系统就给它分配内存空间。因共用体变量中的各成员占用同一存储空间，所以系统给共用体变量所分配的内存空间为其成员中占用内存空间最多的成员的存储单元。共用体变量中各成员从第一个单元开始分配存储空间，所以各成员的内存地址是相同的。例如，上述共用体 data 的变量 x 的内存为占用 10 个字节的内存单元。

8.5.2 共用体变量的应用

定义了共用体变量后，即可使用它。若需对共用体变量初始化，只能对它的第一个成员赋初始值。例如："union data x={"zhangsan"};" 是正确的，而 "union data x={"zhangsan",12, 40000, 78,5};" 是错误的。

虽然共用体数据可以在同一内存空间中存放多个不同类型的成员，但在某一时刻只能存放其中的一个成员，起作用的是最后存放的成员数据，其他成员不起作用。如果此时引用其他成员，则数据无意义。

例如，对 data 类型共用体变量，有以下语句：

```
x.a=100;
strcpy(x.n,"zhangsan");
x.f=90.5;
```

则只有 x.f 是有效的，x.a 与 x.n 目前数据是无意义的，因为后面的赋值语句将前面共用体成员数据覆盖了。

例 8.6 分析下列程序的输出结果。

```
#include <stdio.h>
#include <string.h>
void main()
{
union bt {
int k;
char c[3];
} a;
a.k=0;
strcpy(a.c,"AB");
printf("%o , %o\n",a.c[0],a.c[1]);
printf("%d\n",a.k);
a.k=2;
printf("%o , %o, %o \n",a.c[0],a.c[1],a.c[2]);
printf("%d\n",a.k);
}
```

运行结果：

```
101,102
16961
2,0,0
2
```

程序说明：共用体变量 a 共占用 4 个字节的存储空间，执行 "strcpy(a.c,"AB");" 语句后，a 的成员字符数组 c 的 3 个字节被赋值为字符串 "AB"，对应的各字符的 ASCII 码值分别存放在 a 的对应空间中。因 a 的成员 k 与成员 c 所占用的内存单元是重叠的，所以将前 3 字节作为 a.c。同样，执行程序的 "a.k=2;" 语句后，a 所对应的存储区域中成员 k 被赋值为 2，将刚才 a 中的数据覆盖了，因此执行下一语句后输出的是 "2,0,0"。

8.6　用 typedef 定义类型

除了可以直接使用 C 语言提供的标准类型名（如 int, char, float, double, long 等），和自己声明的结构体、共用体、指针、枚举类型外，还可以用 typedef 声明新的类型名来代替已有的类型名。例如：

```
typedef int INTEGER;
typedef float REAL;
```

上述语句指定用 INTEGER 代表 int 类型，REAL 代表 float 类型。这样，以下两行语句等价：

```
int i, j; float a, b;
```

INTEGER i, j; REAL a, b;

这样可以使熟悉 FORTRAN 语言的人能用 INTEGER 和 REAL 定义变量，以适应它们的编辑习惯。

如果在一个程序中，一个整型变量用来计数，可以定义以下类型：

```
typedef int COUNT;
COUNT i, j;
```

上述语句将变量 i, j 定义为 COUNT 类型，而 COUNT 等价于 int，因此 i, j 是整型。在程序中将 i, j 定义为 COUNT 类型，可以一目了然地知道它们是用于计数的。

可以声明结构体类型：

```
typedef struct
{
    int month;
    int day;
    int year;
}DATE;
```

声明新类型名 DATE，它代表上面指定的一个结构体类型。这时就可以用 DATE 定义变量：

```
DATE birthday; // 不要写成 struct DATE birthday;
DATE *p; //p 为指向此结构类型数据的指针
```

还可以进一步进行以下类型定义：

```
typedef int NUM[100];// 声明 NUM 为整型数组类型
NUM n;// 定义 n 为整型数组变量
typedef char *STRING;// 声明 STRING 为字符指针类型
STRING p, s[10]; //p 为字符指针变量，s 为指针数组
typedef int (*POINTER)(); //声明 POINTER 为指向函数的指针类型,该函数返回整型值。
POINTER p1, p2; //p1, p2 为 POINTER 类型的指针变量
```

因此，声明一个新的类型名的方法是：

（1）先按定义变量的方法写出定义体（如 int i, j）。

（2）将变量名换成新的类型名（如将 i 换成 COUNT）。

（3）在最前面加 typedef （如 typedef int COUNT）。

（4）然后可以用新类型名去定义变量。

习惯把用 typedef 声明的类型名用大写字母表示，以便与系统提供的标准类型标识符区别。

说明：

（1）用 typedef 可以声明各种类型名，但不能用来定义变量。用 tpyedef 可以声明数组类型、字符串类型，使用比较方便。例如，当需要定义数组时，原来是用以下语句：

```
int a[10], b[10], c[10], d[10];
```

由于都是一维数组，大小也相同，可以先将些数组类型声明为一个名字：

```
typedef int ARR[10];
```

然后用 ARR 去定义数组变量：

ARR a, b, c, d;

可以看到，用 typedef 可以将数组类型的数组变量分离开来，利用数组类型可以定义多个数组变量，同样可以定义字符串类型、指针类型等。

（2）用 typedef 只是对已经存在的类型增加一个类型名，而没有创造新的类型。例如，前面声明的整形类型 COUNT，它无非是对 int 型另给一个新的名字。又如：

typedef int NUM[10];

无非是把原来的用“int n[10];”定义的数组变量的类型用一个新的名字 NUM 表示出来。无论用哪种方式定义变量，效果都是一样的。

（3）typedef 与#define 有相似之处，如“typedef int COUNT;”和“#defint COUNT int”的作用都是用 COUNT 代表 int。但事实上，它们二者是不同的。#define 是在预编译时处理的它只能作简单的字符串替换，而 typedef 是在编译时处理的，实际上它并不是作简单的字符串替换（如“typedef int NUM[10];”并不是用 NUM[10] 去代替 int，而是采用如同定义变量的方法那样声明一个类型。

（4）当不同源文件用到同一类型数据（尤其是像数组、指针、结构体、共用体等）时，常用 typedef 声明一些数据类型，把它们单独放在一个文件中，然后在需要用到的文件中用#include 命令把它们包含进来。

（5）使用 typedef 有利于程序的通用与移植。有时程序会依赖于硬件特性，用 typedef 便于移植，例如，有的计算机系统 int 型数据占用 2 个字节，而另一些机器则占用 4 个字节。如果把一个 C 程序从一个以 4 个字节存放整数的计算机系统移植到以 2 个字节存放整数的系统中，按一般办法需要将定义变量的每一个 int 改为 long。如果程序中有多处用到 int 定义变量，则要改动多处。现在可以用一个 INTEGER 来声明 int：

typedef int INTEGER;

在程序中所有整型变量都用 INTEGER 定义，而在移植时只需改动 typedef 定义体即可：

typedef long INTEGER;

8.7　C 语言程序实例

8.7.1　实训 1：计算学生的平均成绩和不及格的人数

项目内容：定义一个外部结构数组 student，共 5 个元素，并作初始化赋值。在 main()函数中用 for 语句逐个累加各元素的 score 成员值并存于 s 之中。如果 score 的值小于 60（不及格）计数器 c 加 1。循环完毕后计算平均成绩，并输出全班总分、平均分及不及格人数。

完整的源程序如下：

```
struct stu
{
int num;
  char *name;
```

```
char sex;
float score;
}student[5]={   {101,"Li    ping",'M',45},{102,"Zhang    ping",'M',62.5},{103,"He
fang",'F',92.5},{104,"Cheng ling",'F',87},{105,"Wang ming",'M',58},};

#include <stdio.h>
main()
{int i,c=0;
 float ave,s=0;
 for(i=0;i<5;i++)
 {   s+=student[i].score;
     if(student[i].score<60)
     c+=1;
  }
  printf("\n 总分=%.2f\n",s);
  ave=s/5;
  printf("平均分=%.2f\n 不及格人数=%d\n",ave,c);
}
```

8.7.2 实训 2：建立同学通讯录

项目内容：定义一个结构体 mem，它有两个成员 name 和 phone 用来表示姓名和电话号码。在主函数中定义 man 为具有 mem 类型的结构数组。在 for 语句中，用 gets()函数分别输入各个元素中两个成员的值。然后使用 for 语句并用 printf 语句输出各元素中两个成员值。

完整的源程序如下：

```
#include <stdio.h>
#define NUM 3
struct mem
{
char name[20], phone[10];
};
main()
{
struct mem man[NUM];
int i;
for(i=0;i<NUM;i++)
{
printf("input name:\n");
gets(man[i].name);
```

```
printf("input phone:\n");
gets(man[i].phone);
}
printf("name\t\t\tphone\n\n");
for(i=0;i<NUM;i++)
    printf("%s\t\t\t%s\n",man[i].name,man[i].phone);
}
```

8.7.3　实训 3：格式输出数据

项目内容：假设有一个教师与学生通用的表格，教师数据有姓名、年龄、职业、教研室 4 项，学生有姓名、年龄、职业、班级 4 项。编程输入人员数据，再以表格输出。

分析：用一个结构体数组 body 来存放人员数据，该结构体共有四个成员。其中成员项 depa 是一个共用体类型，这个共用体由两个成员组成：一个为整型变量 class，一个为字符数组 office。在程序的第一个 for 语句中，输入人员的各项数据，先输入结构的前 3 个成员 name,age 和 job。然后判断 job 成员项，如为"s"则将数据输入 depa.class（对学生赋班级编号），否则将数据输入 depa.office（对教师赋教研组名）。

```
#include <stdio.h>
main( )
{
struct
{
char name[10];
int age;
char job;
union
{
int class;
char office[10];
} depa;
}body[2];
int i;
for(i=0;i<2;i++)
{
printf("input name,age,job and department\n");
scanf("%s%d%c",body[i].name,&body[i].age,&body[i].job);
if(body[i].job=='s')
   scanf("%d",&body[i].depa.class);
else
```

```
scanf("%s",body[i].depa.office);
}
printf("name\tage job class/office\n");
for(i=0;i<2;i++)
{
if(body[i].job=='s')
    printf("%s\t%3d %3c %d\n",body[i].name,body[i].age,body[i].job,body[i].depa.class);
else
    printf("%s\t%3d %3c %s\n",body[i].name,body[i].age, body[i].job,body[i].depa.office);
}
}
```

注意：在用 scanf 语句输入时要注意，凡为数组类型的成员，无论是结构体成员还是共用体成员，在该项前不能再加“&”运算符，因为此时它们相当于二维数组（程序中 body[i].name 是一个数组类型，body[i].depa.office 也是数组类型，因此在这两项之间不能加“&”运算符）。程序中的第二个 for 语句用于输出各成员项的值。

实训总结：

通过项目实训，应学会正确灵活地运用指针，可以有效地表示复杂的数据结构；能动态分配内存；能方便地使用字符串；有效而方便地使用数组；在调用函数能够得到多于 1 个的值。这些对设计系统软件是很必要的。掌握指针的应用，可以使程序简洁、紧凑、高效，进一步提高编写程序的能力。

参考答案

8.8 习 题

一、单选题

1. 当说明一个结构体变量时，系统分配给它的内存是（　　）。

（A）各成员所需内存量的总和

（B）结构中第一个成员所需内存量

（C）成员中占内存量最大者所需的容量

（D）结构中最后一个成员所需内存量

2. 设有以下说明语句：

```
struct  stu
{  int  a ;
float  b ;
} stutype ;
```

则下面的叙述不正确的是（　　）。

（A）struct 是结构体类型的关键字

（B）struct stu 是用户定义的结构体类型

（C）stutype 是用户定义的结构体类型名
（D）a 和 b 都是结构体成员名
3. C 语言结构体类型变量在程序执行期间（　　）。
（A）所有成员一直驻留在内存中
（B）只有一个成员驻留在内存中
（C）部分成员驻留在内存中
（D）没有成员驻留在内存中
4. 在 16 位 IBM – PC 机上使用 C 语言，若有如下定义：

```
struct  data
{    int i;
char ch;
double  f;
} b;
```

则结构体变量 b 占用内存的字节数是（　　）。
（A）1　（B）2　（C）8　（D）11
5. 若有以下定义和语句：

```
struct  student
{ int age ; int num ;
} ;
struct  student  stu[3] = {{1001,20} ,{1002,19},{1003,21}} ;
main ( )
{ struct  student *p ;
  p = stu ;
  …
}
```

则以下不正确的引用是（　　）。
（A）(p+ +) – > num
（B）p + +
（C）(*p).num
（D）p = &stu. age
6. 若有以下说明和语句：

```
struct  student
{ int  age;
int  num;
} std ,*p;
p = &std;
```

则以下对结构体变量 std 中成员 age 的引用方式不正确的是（　　）。
（A）std.age　（B）p – >age　（C）(*p).age　（D）*p.age
7. 若有以下说明和语句，则对 pup 中 sex 域的正确引用方式是（　　）。

```
Struct  pupil
{  char  name [20] ;
int  sex ;
   } pup,*p ;
  p = &pup ;
```

（A）p.pup.sex

（B）p – >pup.sex

（C）(*p).pup.sex

（D）(*p) .sex

8. 当说明一个共用体变量时系统分配给它的内存是（　　）。

（A）各成员所需内存量的总和

（B）结构中第一个成员所需内存量

（C）成员中占内存量最大者所需的容量

（D）结构中最后一个成员所需内存量

9. 若有以下定义和语句：

```
union data
{  int  i;
char c;
float f;
} a;
int n;
```

则以下语句正确的是（　　）。

（A）a = 5 ;

（B）a = { 2,'a',1.2} ;

（C）printf("%d\n",a) ;

（D）n = a;

10. 以下程序的运行结果是（　　）。

```
#include  "stdio.h"
main ( )
{ union
{ long  a ;
int  b ;
char  c ;
} m ;
printf ("%d\n", sizeof (m)) ;
 }
```

（A）2　　（B）4　　（C）6　　（D）8

二、判断分析题（对的打“√”；错的打“×”并分析原因）

1. 结构体只能包含一种数据类型。（　　）

分析：

2. 不同结构体变量的成员名字必须不同。（　　）

分析：

3. 假定 struct　card 包含两个 char 类型的指针 face 和 suit。变量 c 被声明为 struct　card 类型，变量 cPtr 被声明为 struct　card 类型的指针，且 c 的地址已经赋给了变量 cPtr。则 “printf(“%s\n”,*cPtr－>face);” 是正确的语句。（　　）

分析：

4. 共用体变量的各个成员共享同一块内存区域，因此所有成员值都驻留内存中。（　　）

分析：

5. 程序段：

```
union values
{char   w ;
float x;
double y;
} v={1.27};
```

是正确的。（　　）

分析：

三、编写程序

1. 定义一个结构体变量，其成员包括：职工号、职工名、性别、年龄、工资、地址。

2. 针对上述定义，从键盘输入所需的具体数据，然后用 printf()函数打印输出。

3. 有 10 个学生，每个学生的数据包括学号、姓名及 3 门课的成绩。从键盘输入 10 个学生数据，要求打印输出 3 门课总平均成绩和最高分的学生的数据（包括学号、姓名、3 门课成绩、平均分数）。

第9章　文　件

学习要求： 掌握C语言中有关文件处理的库函数，建立和使用存储在外部介质上的数据文件。

主要内容： 文件是计算机中经常使用的一个重要内容。本章介绍文件的基本操作与应用文件操作的基本过程、文件类型指针等。

一般来说，文件是存储在外部介质（如磁盘等外部存储器）上的数据或信息的结合，在程序设计中也是一个重要概念。

9.1　文件的概念

文件是程序设计中的一个重要概念。所谓“文件”一般是指存储在外部介质上数据的集合。操作系统是以文件为单位对数据进行管理的，也就是说，如果想找存在外部介质上的数据，必须先按文件名找到指定的文件，然后再从该文件中读取数据。要向外部介质上存储数据也必须先建立一个文件（以文件名标识），才能向它输出数据。

9.1.1　C语言文件的分类

C语言将文件看作是一个字符（字节）的序列，即由一个一个字符（字节）的数据顺序组成。

根据数据的组成形式，可分为ASCII文件和二进制文件。

ASCII文件又称文本（text)文件,它的每一个字节可存放一个ASCII码，代表一个字符。例如，数3458的文本文件存储形式为：

ASCII码：00110011 00110100 00110101 00111000

↓　↓　↓　↓

十进制码：3　4　5　8

由上例可以看出，数3458若以ASCII码方式存储时，共占用4个字节的存储单元。

二进制文件是把内存中的数据按其在内存中的存储形式原样输出到磁盘上存放。例如，数5678的二进制文件存储形式为00001110 10000010，只占2个字节。因此一个C语言中的文件就是一个字节流或二进制流。它把数据看作是一连串的字符（字节），而不考虑记录的界限。换句话说，C 语言中文件不是由记录（record）组成的。

在 C 语言中对文件的存取是以字符（字节）为单位的。输出输入的数据流的开始和结束仅受程序控制而不受物理符号（如回车换行符）控制。也就是说，在输出时不会自动增加回车换行符作为记录结束的标志，输入时不以回车换行符作为记录的间隔（事实上 C 文件并不是由记录构成的）。C 语言允许对文件存取一个字符，这就增加了处理的灵活性。

9.1.2　文件操作的基本步骤

C 语言可以将必要的内存数据输出到数据文件中，存储在磁盘等外部介质上，这些数据就可以永久保存。而当用户需要使用这些数据时，还可以通过 C 程序从数据文件中将数据装入内存，对数据进行处理。从外部介质中将数据文件装入内存的操作称为读操作，从内存中将数据输出到文件中的操作称为写操作。

使用 C 语言中的数据文件，需要进行以下基本步骤：

（1）利用“FILE”定义文件类型指针。C 语言处理的每一个文件，都要有唯一的文件指针。

（2）打开文件。不论是对新建的文件还是对已有的文件进行写操作或读操作，首先都要使用 fopen()函数打开文件。

（3）对文件进行相应的操作（读或写）。

（4）关闭文件。这是文件操作的最后一步，使用完毕必须关闭文件，以保证将文件缓冲区的数据写入文件，并释放系统分配的文件缓冲区内存。

9.2　文件类型指针

在 C 语言中，对数据文件的操作都必须依靠文件类型指针来完成。要想对文件进行操作，首先必须将想要操作的数据文件与文件指针建立联系，然后通过文件指针对它所指的文件进行各种操作。

定义说明文件指针的一般形式为：

FILE * 指针变量标识符;

注意：FILE 应为大写，它实际上是由系统定义的一个结构类型，该结构中含有文件名、文件状态和文件当前位置等信息。在编写源程序时不必关心 FILE 结构的细节。例如：

FILE　*fp;

上例表示 fp 是指向 FILE 结构的指针变量，此时系统开辟了一个 FILE 结构的空间，可用文件指针 fp 指向打开的文件的入口地址。当然，此时的 fp 指向的 FILE 结构还未与任何文件建立联系，必须调用 fopen()函数为文件指针和要操作的存储在磁盘上的数据文件建立联系。

9.3 文件的常用操作

在 C 语言中，文件操作都是通过调用库函数来实现的。对文件操作的库函数、函数原型均被包含在头文件 stdio.h 中，使用时需要用“#include<stdio.h>”包含到当前的程序中。

9.3.1 文件的打开与关闭

对文件操作之前，必须先打开该文件；操作结束后，应立即关闭文件，以免数据丢失。

1. 文件打开函数 fopen()

fopen()函数用来打开一个文件，其调用的一般形式为：

文件指针名=fopen(文件名，使用文件方式)

其中，“文件指针名”必须是被说明为 FILE 类型的指针变量，“文件名”是被打开文件的文件名，“使用文件方式”是指文件的类型和操作要求。

“文件名”是字符串常量或字符串数组。例如：

FILE *fp;

fp=(“fileA.txt”,“r”);

其意义是在当前目录下打开文件 fileA.txt，只允许进行“读”操作，并使 fp 指向该文件。

又如：

FILE *fphzk;

fphzk=(“c:\\hzk16”,“rb”);

其意义是打开 C 驱动器磁盘的根目录下的文件 hzk16，这是一个二进制文件，只允许按二进制方式进行读操作。两个反斜线“\\”中的第一个表示转义字符，第二个表示根目录。“使用文件方式”共有 12 种，下面给出了它们的符号和意义，如表 9.1 所示。

表 9.1 文件使用方式

文件使用方式	意义
“rt”（只读）	只读打开一个文本文件，只允许读数据
“wt”（只写）	只写打开或建立一个文本文件，只允许写数据
“at”（追加）	追加打开一个文本文件，并在文件末尾写数据
“rb”（只读）	只读打开一个二进制文件，只允许读数据
“wb”（只写）	只写打开或建立一个二进制文件，只允许写数据
“ab”（追加）	追加打开一个二进制文件，并在文件末尾写数据
“rt+”（读写）	读写打开一个文本文件，允许读和写
“wt+”（读写）	读写打开或建立一个文本文件，允许读写
“at+”（读写）	读写打开一个文本文件，允许读，或在文件末追加数据
“rb+”（读写）	读写打开一个二进制文件，允许读和写
“wb+”（读写）	读写打开或建立一个二进制文件，允许读和写
“ab+”（读写）	读写打开一个二进制文件，允许读，或在文件末追加数据

说明：

（1）文件使用方式由 r,w,a,t,b，+六个字符组成，各字符的含义是：

r(read)：读；

w(write)：写；

a(append)：追加；

t(text)：文本文件，可省略不写；

b(banary)：二进制文件；

+：读和写。

（2）凡用“r”打开一个文件时，该文件必须已经存在，且只能从该文件读出。

（3）用“w”打开的文件只能向该文件写入。若打开的文件不存在，则以指定的文件名建立该文件；若打开的文件已经存在，则将该文件删去，重建一个新文件。

（4）若要向一个已存在的文件追加新的信息，只能用“a”方式打开文件,但此时该文件必须是存在的，否则将会出错。

（5）在打开一个文件时，如果出错，fopen()函数将返回一个空指针值 NULL。在程序中可以用这一信息来判别是否完成打开文件的工作，并作相应的处理。因此常用以下程序段打开文件：

```
if((fp=fopen(“file1”,“r”)==NULL)
{   printf(“\ncannot open this file!”);
exit(0);
}
```

上述语句先检查打开的操作是否出错，如果有错就在屏幕上输出“cannot open this file!”。exit()函数的作用是关闭所有文件，终止正在调用的过程。待用户检查出错误，修改后再运行。exit()函数是带参数调用的，参数是 int 型。参数为 0 时，表明这个停止属正常停止；当参数为其他值时，用参数指出造成停止的错误类型。使用 exit()函数时，必须在程序前使用预编译命令“#include “stdlib.h””。

（6）把一个文本文件读入内存时，要将 ASCII 码转换成二进制码；而把文件以文本方式写入磁盘时，也要把二进制码转换成 ASCII 码。因此，文本文件的读写要花费较多的转换时间。对二进制文件的读写则不存在这种转换。

（7）标准输入文件（键盘）、标准输出文件（显示器）、标准出错输出（出错信息）是由系统打开的，可直接使用。

2. 文件的关闭函数 fclose()

文件一旦使用完毕，应用关闭文件函数 fclose()把文件关闭，以避免发生文件的数据丢失等错误。

fclose()函数调用的一般形式是：

fclose(文件指针)；

例如：

fclose(fp);

正常完成关闭文件操作时，fclose()函数返回值为 0。如返回非零值则表示有错误发生，可用函数 ferror()函数来测试。

9.3.2 文件的读/写

文件打开以后，就可以对文件进行读和写了，读和写是最常用的文件操作。

C 语言提供了多种文件读写的函数：

（1）字符读写函数：fgetc()和 fputc()。字符读写函数是以字符（字节）为单位的读写函数，每次可从文件读出或向文件写入一个字符。

（2）字符串读写函数：fgets()和 fputs()。

（3）数据块读写函数：freed()和 fwrite()。

（4）格式化读写函数：fscanf()和 fprinf()。

注意： 使用以上函数都要求包含头文件 stdio.h。

1. 写字符函数 fputc()

fputc()函数的功能是把一个字符写入指定的文件中，即将字符表达式的字符输出到文件指针所指向的文件。若输出操作成功该函数返回输出的字符，否则返回 EOF。函数调用的形式为：

fputc(字符表达式，文件指针)；

其中，待写入的字符可以是字符常量或变量。例如 fputc('a',fp);

其意义是把字符 a 写入 fp 所指向的文件中。

注意：

（1）被写入的文件可以用写、读写、追加方式打开。用写或读写方式打开一个已存在的文件时将清除原有的文件内容，写入字符从文件开头开始。如需保留原有文件内容，希望写入的字符从原有文件末尾开始存放，则应以追加方式打开文件。被写入的文件若不存在，则创建该文件。

（2）每写入一个字符，文件内部位置指针向后移动一个字节。

（3）fputc()函数有一个返回值，如写入成功则返回写入的字符，否则返回一个 EOF。可以利用该返回值来判断写入操作是否成功。

例 9.1 从键盘输入一字符串，并逐个将字符串的每一个字符传送至磁盘文件 A.dat 中，当输入的字符为'#'时停止输入。

```
#include "stdlib.h"
#include "stdio.h"
main()
{
FILE *fp; /*指向磁盘文件的指针*/
char ch; /*暂存读入字符的字符变量*/
/*以写的方式打开文本文件 A.dat 并判断是否能正常打开*/
if((fp=fopen("c:\\c_dat\\A.dat","w+"))==NULL)
{
printf("Cannot open file! \n");/*不能正常打开磁盘文件的处理*/
exit(0); /*调用 exit 函数终止程序运行*/
}
```

```
while(ch=getchar()!='#') /*判断输入的是否为结束输入标志*/
 fputc(ch,fp);/*读入的字符写入磁盘文件*/
fclose(fp); /*操作结束关闭磁盘文件*/
}
```

例 9.2 将一个磁盘文件中的信息复制到另一个磁盘文件中。

```
#include "stdlib.h"
#include "stdio.h"
main( )
{
FILE *in,*out;
char infile[10],outfile[10];
printf("Enter the infile name:\n");
scanf("%s",infile);
printf("Enter the outfile name:\n");
scanf("%s",outfile);
if((in=fopen(infile, "r"))==NULL)
{
printf("cannot open infile\n");
exit(0);
}
if((out=fopen(outfile,"w"))==NULL)
{
printf("Cannot open outfile\n");
exit(0);
}
while(!feof(in))
  fputc(fgetc(in),out);
fclose(in);
fclose(out);
}
```

例 9.2 中的程序是按处理文本文件的方式来编写的。也可以用此程序来复制一个二进制文件，只需将两个 fopen()函数中的"r"和"w"分别改为"rb"和"wb"即可。

2. 读字符函数 fgetc()

fgetc()函数的功能是从指定的文件中读一个字符，该字符的 ASCII 码值作为函数的返回值。若读取字符时文件已经结束或出错，fgetc()函数返回文件结束标记 EOF，此时 EOF 的值为 -1。函数调用的形式为：

字符变量=fgetc(文件指针);

例如：

```
ch=fgetc(fp);
```

其意义是从打开的文件 fp 中读取一个字符并传送至 ch 中。

注意：

（1）在 fgetc()函数调用中，读取的文件必须是以读或读写方式打开的。

（2）读取字符的结果也可以不向字符变量赋值。例如：

```
fgetc(fp);
```

采取这样的操作，读出的字符不能保存的。

（3）在文件内部有一个位置指针，用来指向文件的当前读写字节。在文件打开时，该指针总是指向文件的第一个字节。使用 fgetc()函数后，该位置指针将向后移动一个字节。因此可连续多次使用 fgetc()函数，读取多个字符。应注意文件指针和文件内部的位置指针不是一回事。文件指针是指向整个文件的，须在程序中定义说明，只要不重新赋值，文件指针的值是不变的。文件内部的位置指针用以指示文件内部的当前读写位置，每读写一次，该指针均向后移动，它不需在程序中定义说明，而是由系统自动设置的。

例 9.3 将例 9.1 中的建立的文件 A.dat 的内容在屏幕上显示。

```
#include “stdlib.h”
#include “stdio.h”
main()
{
FILE *fp;
char ch;
/*以读的方式打开文本文件 A.dat 并判断是否能正常打开*/
if((fp=fopen(“c:\\c_dat\\A.dat”,“r”))==NULL)
{
 printf(“Cannot open file! \n”);
 exit(0);
}
while((ch=fgetc(fp))!=EOF)
 putchar(ch);/*读入的字符在屏幕上显示*/
fclose(fp);
}
```

3. 读字符串函数 fgets()

fgets()函数的功能是从指定的文件中读一个字符串到字符数组中，函数调用的形式为：

fgets(字符数组名，n，文件指针);

其中的 n 是一个正整数，表示从文件中读出的字符串不超过 n－1 个字符。在读入的最后一个字符后加上串结束标志'\0’。例如：

```
fgets(str,n,fp);
```

其意义是从 fp 所指的文件中读出 n－1 个字符并传送至入字符数组 str 中。

例 9.4 从 A.dat 文件中读入一个含 10 个字符的字符串。

```
#include “stdio.h”
#include “stdlib.h”
main()
{
FILE *fp;
char str[11];
if((fp=fopen(“c:\\c_dat\\A.dat”,“rt”))==NULL)
{
 printf(“Cannot open file!”);
 exit(1);
}
fgets(str,11,fp);
printf(“%s”,str);
fclose(fp);
}
```

本例中定义了一个字符数组 str（共 11 个字节），在以读文本文件方式打开文件 A.dat 后，从中读出 10 个字符并传送至 str 数组，在数组最后一个单元内将加上'\0'，然后在屏幕上显示输出 str 数组。

注意：

（1）在读出 n－1 个字符之前，如遇到了换行符或 EOF，则读取结束。

（2）fgets()函数也有返回值，其返回值是字符数组的首地址。

4. 写字符串函数 fputs()

fputs()函数的功能是向指定的文件写入一个字符串，其调用形式为：

fputs(字符串，文件指针);

其中字符串可以是字符串常量，也可以是字符数组名，或数组型指针变量。字符串末尾的'\0'不输出。若输出成功函数值返回 0，失败则为 EOF。例如：

fputs(“abcd”，fp);

其意义是把字符串“abcd”写入 fp 所指的文件之中。

例 9.5　在文件 A.dat 中追加一个字符串。

```
#include “stdio.h”
#include “stdlib.h”
main()
{
FILE *fp;
char ch,st[20];
if((fp=fopen(“c:\\c_dat\\A.dat”,“at+”))==NULL)
{
 printf(“Cannot open file!”);
```

```
  exit(1);
}
printf("input a string:\n");
scanf("%s",st);
fputs(st,fp);
rewind(fp);
ch=fgetc(fp);
while(ch!=EOF)
{
  putchar(ch);
  ch=fgetc(fp);
}
printf("\n");
fclose(fp);
}
```

本例要求在 string 文件末加写字符串，因此在程序第 7 行以追加读写文本文件的方式打开文件 string。然后输入字符串，并用 fputs()函数把该字符串写入文件 string。在程序第 15 行用 rewind()函数把文件内部位置指针移到文件首，再使用了循环语句逐个显示当前文件中的全部内容。

5. 数据块读写函数 fread()和 fwrite()

C 语言还提供了用于整块数据的读写的函数，可用来读写一组数据（如一个数组元素、一个结构变量的值等）。

读数据块函数调用的一般形式为：

fread(buffer,size,count,fp);

写数据块函数调用的一般形式为：

fwrite(buffer,size,count,fp);

其中，buffer 是一个指针。在 fread()函数中，buffer 表示存放输入数据的首地址。在 fwrite()函数中，它表示存放输出数据的首地址。size 表示数据块的字节数，count 表示要读写的数据块块数，fp 表示文件指针。

例如：

fread(fa,4,5,fp);

其意义是从 fp 所指的文件中，每次读 4 个字节（1 个实数）传送至实数组 fa 中，并连续读 5 次，即读 5 个实数到 fa 中。

例 9.6 从键盘输入两个学生数据并写入一个文件中，再读出这两个学生的数据显示在屏幕上。

```
#include "stdio.h"
#include "stdlib.h"
struct stu
```

```
{
char name[10];
int num;
int age;
char addr[15];
}boya[2],boyb[2],*pp,*qq;

main()
{
FILE *fp;
int i;
pp=boya;
qq=boyb;
if((fp=fopen("c:\\c_dat\\stu_list","wb+"))==NULL)
{
  printf("Cannot open file strike any key exit!");
  exit(1);
}
printf("\n 请输入两个学生的数据信息：姓名、编号、年龄、地址:\n");
for(i=0;i<2;i++,pp++)
  scanf("%s%d%d%s",pp->name,&pp->num,&pp->age,pp->addr);
pp=boya;
fwrite(pp,sizeof(struct stu),2,fp);
rewind(fp);
fread(qq,sizeof(struct stu),2,fp);
printf("\n\nname\tnumber age addr\n");
for(i=0;i<2;i++,qq++)
  printf("%s\t%5d%7d%s\n",qq->name,qq->num,qq->age,qq->addr);
fclose(fp);
}
```

本例程序中定义了一个结构 stu，说明了两个结构数组 boya 和 boyb 以及两个结构指针变量 pp 和 qq，pp 指向 boya，qq 指向 boyb。程序第 16 行以读写方式打开二进制文件“stu_list”，然后输入两个学生数据并写入该文件中，然后把文件内部位置指针移到文件首，读出两块学生数据并在屏幕上显示。

6. 格式化读写函数 fscanf()和 fprintf()

fscanf()函数与 fprintf()函数与前面使用的 scanf()和 printf()函数的功能相似，都是格式化读写函数。两者的区别在于：fscanf()函数和 fprintf()函数的读写对象不是键盘和显示器，而是磁盘文件。这两个函数的调用格式为：

fscanf(文件指针，格式字符串，输入表列)；

fprintf(文件指针，格式字符串，输出表列)；

例如：

```
fscanf(fp,"%d%s",&i,s);
fprintf(fp,"%d%c",j,ch);
```

用 fscanf()和 fprintf()函数也可以完成例 9.6 的问题。

例 9.7 从键盘输入两个学生数据并写入一个文件中，再读出这两个学生的数据显示在屏幕上，请与例 9.6 比较。

```
#include "stdio.h"
#include "stdlib.h"
struct stu
{
char name[10];
int num;
int age;
char addr[15];
}boya[2],boyb[2],*pp,*qq;
/**/
main()
{
FILE *fp;
int i;
pp=boya;
qq=boyb;
if((fp=fopen("c:\\c_dat\\stu_list1","wb+"))==NULL)
{
 printf("Cannot open file strike any key exit!");
 exit(1);
}
printf("\ninput data\n");
for(i=0;i<2;i++,pp++)
     scanf("%s%d%d%s",pp->name,&pp->num,&pp->age,pp->addr);
pp=boya;
for(i=0;i<2;i++,pp++)
     fprintf(fp,"%s %d %d %s\n",pp->name,pp->num,pp->age,pp->addr);
rewind(fp);
for(i=0;i<2;i++,qq++)
     fscanf(fp,"%s %d %d %s\n",qq->name,&qq->num,&qq->age,qq->addr);
printf("\n\nname\tnumber age addr\n");
```

```
qq=boyb;
for(i=0;i<2;i++,qq++)
  printf("%s\t%5d %7d %s\n",qq－>name,qq－>num, qq－>age,qq－>addr);
fclose(fp);
}
```

与例9.6相比，本程序中fscanf()和fprintf()函数每次只能读写一个结构数组元素，因此采用了循环语句来读写全部数组元素。还要注意指针变量pp,qq，由于循环改变了它们的值，因此在程序的25行和32行分别对它们重新赋予了数组的首地址。

9.3.3　文件的定位

如果想改变系统默认的读写顺序，即希望对于文件上当前位置以外的某些位置进行操作，可以使用有关对文件指针定位的函数来调整文件指针（读写头）的位置。

1. 定位读写指针函数fseek()

fseek()函数的功能是将文件的读写指针从某个位置移到指定的位置，该函数为C语言对文件的随机读写提供了方法。fseek()函数调用格式如下：

fseek(fp, 偏移量, 起始位置)

其中，fseek是该函数的函数名；fp是指向被操作文件的文件指针；"偏移量"是表示移动当前读写指针的距离量，该参数的类型为long int型；"起始位置"是偏移量的相对位置。例如，起始位置为文件头，偏移量为50,则表示将读写指针移到相对文件头距离50个字节的位置。起始位置的设置方法参见表9.2。

表9.2　文件指针起始位置的设置方法

起始点	表示符号	数字表示
文件首	SEEK_SET	0
当前位置	SEEK_CUR	1
文件末尾	SEEK_END	2

说明：
0表示相对于文件头；
1表示相对于文件的当前位置；
2表示相对于文件尾。

实际中，常用宏定义来替代起始位置：

SEEK_SEC表示文件头；

SEEK_CUR表示当前位置；

SEEK_END表示文件尾。

例如：

```
fseek(fp,200L,0);   /*将读写指针移到离文件头20个字节处。*/
fseek(fp,80L,1);    /*将读写指针移到离当前位置80个字节处。*/
```

fseek(fp, – 50L,0); /*将读写指针移到从文件尾向前 50 个字节处。*/

该函数一般用于二进制文件。如果将其用于文本文件，则计算位置时会发生误差。

例 9.8 建立一个数据文件，随机读取其中的某个数据。

使用 fprintf()函数建立一个数据文件 xy. Dat，然后指定从某个数据起连续读出若干个数据，最后再读出这组数据的起始数据。

```
#include <stdio.h>
main( )
{
  int i,x,y;
  FILE *fp;
  fp=fopen("c:\\c_dat\\b.txt","wb+rb");
  for(i=0;i<20;i++)
  fprintf (fp,"%5d",i+1);
  printf("\nlnput x:");
  scanf("%d",&x);
  for(i=0;i<5;i++)
  {
     fseek(fp,(long)(5*(x – 1+i)),0);
     fscanf(fp,"%d",&y);
     printf("%d\t",y);
  }
  fseek(fp,(long)(5*x – 5),0);
  fscanf(fp, "%d",&x);
  printf("\n%d\n",x);
  fclose(fp);
}
```

该程序先打开一个文件 b.txt，以二进制数的读写方式，用 for 循环语句向文件中写入 20 个整型数，这里使用的是 fprintf()函数。再从键盘上键入一个数值赋给 x，表示从文件中第 x 个数据项开始读取数据，并将它显示在屏幕上。

本程序中，指定从第 10 个数据项开始，连续读出 5 个数据项，暂存在变量 Y 中并输出到显示屏幕上。这里使用 fseek()函数进行定位，让读写指针移到第 10 个数据项，并从该数据项开始输出。程序中又使用 fseek()函数重新定位读写指针，使它再指向第 10 个数据项，再读取该数据，输出显示为 10。

2. 复位读写指针函数 rewind()

rewind()函数的功能是将某个文件的读写指针重置于文件头。该函数的调用格式如下：

rewind(fp);

其中，rewind 是该函数的函数名，fp 是被操作文件的文件指针。使用该函数后，会使被操作文件的读写指针指向文件头。

例 9.9 文件位置指针复位函数 rewind()的应用。

```
#include <stdio.h>
void main( )
{
  FILE   *fp;
  fp=fopen("d.txt","w");
  rewind(fp);
  fputc('a',fp);
  fputc('b',fp);
  fputc('c',fp);
  rewind(fp);
  fputc('A',fp);
  fclose(fp);
}
```

程序首先在文件 d.txt 上依次输出了 abc，然后将文件指针移动到文件的开始位置，再输出 A，将原来此位置上的 a 覆盖了，最后文件 d.txt 的内容为 Abc.

3. 返回读写指针函数 ftell()

ftell()函数的功能是返回指定文件当前读写指针的位置，是用该位置相对于文件头间隔的字节数来表示。例如，该函数返回某个文件的当前读写指针的位置是 100 字节，即表示当前读写指针在离文件头 100 个字节处。该函数调用格式如下：

```
ftell(fp);
```

它返回一个表示字节数的 long int 型数值。

例 9.10 编写一个程序使用 frell()函数估算一个文件的大小。

```
#include "stdio.h"
#include "stdlib.h"
main ()
{
long i;
FILE*fp;
if((fp=fopen("c:\\c_dat\\b.txt","r"))==NULL)
{
printf("File can't open.\n");
exit(1);
}
fseek(fp,10,2);
i=ftell(fp);
printf("file size;%ld\n",i);
}
```

9.3.4 文件的检测

C 语言中常用的文件检测函数主要用来检查输入输出函数调用中的错误。

1. 文件结束检测函数 feof()

feof()函数的调用格式：

feof(文件指针)；

该函数的功能是测试文件指针指向的文件的位置指针是否已到达文件尾（文件是否结束）。如果已经结束则返回值为非 0 值；否则返回 0，表示文件尚未结束。

2. 读写文件出错检测函数 ferror()

ferror()函数的调用格式：

ferror(文件指针)；

该函数的功能测试文件指针所指的文件是否有错误。如果没有错误，ferror()返回值为 0；否则返回一个非 0 值，表示出错。

3. 清除错误标志函数 clearerr()

clearerr()函数的作用是使文件错误标志和文件结束标志置为 0。假设在调用一个输入输出函数时出现错误，ferror()函数值被置一个非零值。在调用 clearerr(fp)后，ferror(fp)的值变成 0。

只要出现错误标志，就一直保留，直到对同一文件调用 clearerr()函数或 rewind()函数，或任何其他一个输入输出函数。

clearerr()函数的调用格式：

clearerr(文件指针);

该函数的功能是清除出错标志和文件结束标志，即将文件错误标志和文件结束标志置为 0。

例 9.11 从键盘上输入一个长度小于 20 的字符串，将该字符串写入文件“file.dat”中，并测试是否有错。若有错，则输出错误信息，然后清除文件出错标记，关闭文件；否则，输出输入的字符串。

```
#include <stdio.h>
#include <string.h>
#define LEN 20
void main( )
{
int err;
    FILE *fp;
char s1[len]
    if ((fp=fopen("open("file.dat","w"))= =NULL) /*以写方式打开文件*/
    {
printf("Cannot open file.dat. \n");
```

```
exit(0);
}
printf("Enter a string:");
gets(s1); /*接收从键盘输入的字符串*/
fputs(s1,fp); /*将输入的字符串写入文件*/
err=ferror(fp); /*调用函数 ferror()*/
if(err) /*若出错则进行出错处理*/
{
printf("file.dat error:%d\n",err);
clearer(fp); /*清除出错标记*/
fclose(fp);
exit(0);
}
fclose(fp);
fp=fopen("file.dat","r"); /*以读方式打开文件*/
if(err=ferror(fp)) /*调用函数 ferror，若出错则进行出错处理*/
{
printf("open file.dat error %d \n",err);
fclose(fp);
}
else
{
 fgerts(s1,LEN,fp); /*从文件 file.dat 中读入字符串*/
 if(feof(fp)&&strlen(s1)= =0) /*若文件结束或字符串为空，输出*/
/*file.dat is NULL，否则输出字符串*/
printf("file.dat is NULL. \n");
else
     printf("output:%s \n",s1);
fclose(fp); /*关闭文件*/
}
}
```

9.4 C语言程序实例

实例知识准备：

（1）掌握文件、文件指针等基本概念。

（2）掌握文件的基本操作方法及操作库函数的使用，包括文本的打开与关闭、读写、定位和检测等函数。

项目内容： 通过使用 C 语言中文件的读取函数，对学生成绩进行排序。

```
#include <stdio.h>
#include <stdlib.h>
#include <malloc.h>
#include <string.h>
#define STU struct student
STU     /*每条记录数据类型*/
{
  int num;
  char name[20];
  int math;
  int english;
  int computer;
  int total;
};
void sort(STU *st,int n)    /*排序函数*/
{
  int i,j;
  STU t;
  for(i=0;i<n – 1;i++)
      for(j=i+1;j<n;j++)
          if((st+i) – >total<(st+j) – >total)
          {t=*(st+i);
          *(st+i)=*(st+j);
          *(st+j)=t;
          }
}
main()
{
int i,n;
STU *st;
FILE *fp;
fp=fopen("file3.dat","r");   /*读入文件名为 file3.dat 的文件*/
if(!fp)
exit(1);
fscanf(fp,"%d",&n);
st=malloc(n*sizeof(STU));
if(!st)
```

```
{
 fclose(fp);
 exit(1);
}
for(i=0;i<n;i++)
{
fscanf(fp,
"%d%s%d%d%d",&st[i].num,st[i].name,&st[i].math,&st[i].english,&st[i].computer);
st[i].total=st[i].math+st[i].english+st[i].computer;
}
fclose(fp);
fp=fopen("file4.dat","w");        /*写入到 file4.dat 的文件*/
if(!fp)
{
free(st);
exit(1);
}
fprintf(fp,"%5d\n",n);
for(i=0;i<n;i++)
fprintf(fp,"%5d%15s%5d%5d%5d%5d\n",st[i].num,st[i].name,st[i].math,st[i].english,st[i].co
mputer,st[i].total);
fclose(fp);
free(st);
}
```

若在该程序目录下建立 file3.dat 文件，文件内容如下：

```
5
001 ZHANG    80 60 95
002 ZHAO     85 75 74
003 PEI      85 76 88
004 TIAN     95 84 86
005 LI       74 99 58
```

输出到 file4.dat 文件中：

```
    5
    1          ZHANG    80   60   95   235
    2           ZHAO    85   75   74   234
    3            PEI    85   76   88   249
    4           TIAN    95   84   86   265
    5             LI    74   99   58   231
```

实训总结：

通过项目实训，应能够掌握文件的基本操作方法及文件操作库函数的使用；掌握在程序中使用文件来保存程序数据的解决实际问题的方法，进一步提高编写程序的能力。

参考答案

9.5 习　题

一、选择题

1. 在进行文件操作时，写文件的一般含义是（　　）。

（A）将计算机内存中的信息存入磁盘

（B）将磁盘中的信息存入计算机内存

（C）将计算机 CPU 中的信息存入磁盘

（D）将磁盘中的信息存入计算机 CPU

2. 在 C 语言中标准输入文件 stdin 是指（　　）。

（A）键盘

（B）显示器

（C）鼠标

（D）硬盘

3. 系统的标准输出文件 stdout 是指（　　）。

（A）键盘

（B）显示器

（C）软盘

（D）硬盘

4. 在高级语言中对文件操作的一般步骤是（　　）。

（A）打开文件→操作文件→关闭文件

（B）操作文件→修改文件→关闭文件

（C）读写文件→打开文件→关闭文件

（D）读文件→打开文件→关闭文件

5. 要打开一个已存在的非空文件“file”用于修改，正确的语句是（　　）。

（A）fp = fopen(“file”,“r”);

（B）fp = fopen(“file”,“a+”);

（C）fp = fopen(“file”,“w”);

（D）fp = fopen(“file”,“r+”);

6. 若执行 fopen()函数时发生错误，则函数的返回值是（　　）。

（A）地址值

（B）0

（C）1

（D）EOF

7. 若要用 fopen()函数打开一个新的二进制文件，该文件要既能读也能写，则文件的打开方式字符串应是（　　）。

（A）“ab+”

（B）“wb+”

（C）“rb+”

（D）“ab”

8. C 语言可以处理的文件类型是（　　）。

（A）文本文件和数据文件

（B）文本文件和二进制文件

（C）数据文件和二进制文件

（D）以上答案都不完全

9. 当顺利执行了文件关闭操作时，fclose()函数的返回值是（　　）。

（A）－1

（B）TRUE

（C）0

（D）1

10. 使用 fgetc()函数，则打开文件的方式必须是（　　）。

（A）只写

（B）追加

（C）读或读写

（D）答案 B 和 C 都正确

二、编写程序

1. 从键盘输入一个字符串，将其中的小写字母转换成大写字母，然后输出到一个磁盘文件“test.txt”中保存。输入的字符串以“!”结束。

2. 编写程序对文本文件“test.txt”中的字符做一个统计，统计该文件中字母、数字和其他字符的个数，输出统计结果。

3. 编写程序将文件 A 的内容拷贝到文件 B 中，拷贝时要将文件 A 中的大写字母全部转换成小写字母。

附录一　常用字符与 ASCII 代码对照表

ASCII 值	控制字符	ASCII 值	控制字符	ASCII 值	控制字符	ASCII 值	控制字符
0	NUT	32	(space)	64	@	96	`
1	SOH	33	!	65	A	97	a
2	STX	34	”	66	B	98	b
3	ETX	35	#	67	C	99	c
4	EOT	36	$	68	D	100	d
5	ENQ	37	%	69	E	101	e
6	ACK	38	&	70	F	102	f
7	BEL	39	’	71	G	103	g
8	BS	40	(	72	H	104	h
9	HT	41	)	73	I	105	i
10	LF	42	*	74	J	106	j
11	VT	43	+	75	K	107	k
12	FF	44	,	76	L	108	l
13	CR	45	−	77	M	109	m
14	SO	46	.	78	N	110	n
15	SI	47	/	79	O	111	o
16	DLE	48	0	80	P	112	p
17	DC1	49	1	81	Q	113	q
18	DC2	50	2	82	R	114	r
19	DC3	51	3	83	S	115	s
20	DC4	52	4	84	T	116	t
21	NAK	53	5	85	U	117	u
22	SYN	54	6	86	V	118	v
23	TB	55	7	87	W	119	w
24	CAN	56	8	88	X	120	x
25	EM	57	9	89	Y	121	y
26	SUB	58	:	90	Z	122	z
27	ESC	59	;	91	[	123	{
28	FS	60	<	92	\	124	|
29	GS	61	=	93	]	125	}
30	RS	62	>	94	^	126	~
31	US	63	?	95	–	127	DEL

附录二　C语言中的关键字及用途

关键字	说　明	用　途
char	单字节字符	定义数据类型
short	短整型	
int	整型	
unsigned	无符号类型，最高位不作符号位	
long	长整型	
float	单精度实数	
double	双精度实数	
struct	用于定义结构体的关键字	
union	用于定义共用体的关键字	
void	空类型，用它定义的对象不具有任何值	
enum	定义枚举类型的关键字	
signed	有符号类型，最高位作符号位	
const	表明这个量在程序执行过程中不可变	
volatile	表明这个量在程序执行过程中可被隐含地改变	
typedef	用于定义同义数据类型	存储类别
auto	自动变量	
register	寄存器类型	
static	静态变量	
extern	外部变量声明	
break	退出最内层的循环或 switch 语句	流程控制
case	switch 语句中的情况选择	
continue	跳到下一轮循环	
default	switch 语句中其余情况符号	
do	在 do…while 循环中的循环起始标记	
else	if 语句中的另一种选择	
for	带有初值、测试和增量的一种循环	
goto	无条件转移到标号指定的地方	
if	语句的条件执行	
return	返回到调用函数	
switch	从所有列出的动作中做出选择	
while	在 while 和 do…while 循环中语句的条件执行	
sizeof	计算表达式和类型的字节数	运算符

附录三　运算符及其优先级和结合性

优先级	运算符	含义	要求运算对象的个数	结合方向
1	( )	圆括号		自左至右
	[]	下标运算符		
	->	指向结构体成员运算符		
	.	结构体成员运算符		
2	!	逻辑非运算符	1（单目运算符）	自右至左
	~	按位取反运算符		
	++	自增运算符		
	--	自减运算符		
	+	正号运算符		
	-	负号运算符		
	（类型）	类型转换运算符		
	*	指针运算符		
	sizeof	长度运算符		
3	*	乘法运算符	2（双目运算符）	自左至右
	/	除法运算法		
	%	求余运算符		
4	+	加法运算符	2（双目运算符）	自左至右
	-	减法运算符		
5	<<	左移运算符	2（双目运算符）	自左至右
	>>	右移运算符		
6	< <= > >=	关系运算符	2（双目运算符）	自左至右
7	==	等于运算符	2（双目运算符）	自左至右
	! =	不等于运算符		
8	&	按位与运算符	2（双目运算符）	自左至右
9	^	按位异或运算符	2（双目运算符）	自左至右
10	|	按位或运算符	2（双目运算符）	自左至右
11	&&	逻辑与运算符	2（双目运算符）	自左至右
12	||	逻辑或运算符	2（双目运算符）	自左至右
13	? :	条件运算符	3（三目运算符）	自右至左
14	= += -= *= /= %= >>= <<= &= ^= |=	赋值运算符	2（双目运算符）	自右至左
15	,	逗号运算符 （顺序求值运算符）		自左至右

注：

1. 同一优先级的运算符优先级别相同,运算次序由结合方向决定。例如："*"和"/"具有相同的优先级别，其结合方向左至右，因此 a*b/c 的运算次序是先乘法后除法。－－和++具有相同的优先级别，其结合方向自右至左，因此－i++相当于－(i++)。

2. 不同的运算符要求有不同的运算对象个数，如+（加）和－（减）为双目运算符，要求运算符两侧各有一个运算对象（如 2+3）；+（正号）和－（负号）运算符是单目运算符，只能在运算符的一侧出现一个运算对象（如－4 等）；条件运算符是 C 语言中唯一的一个三目运算符（如 a>b?a:b）。

3. 从附录三中可以归纳出各类运算的优先级：

初等运算符→单目运算符→算术运算符（先乘除后加减）→关系运算符→逻辑运算符（不包括!）→条件运算符→赋值运算符→逗号运算符

以上的优先级别从左至右递减，初等运算符优先级最高，逗号运算符优先级别最低。

附录四　常用的标准库函数

库函数并不是C语言的一部分，它是由编译系统根据一般用户的需要编制并提供给用户使用的一组程序。每一种C编译系统都提供了一批库函数，不同的编译系统所提供的库函数的数目和函数名以及函数功能是不完全相同的。ANSI C标准提出了一批建议提供的标准库函数，它包括了目前多数C编译系统所提供的库函数，但也有一些是某些C编译系统未曾实现的，本附录不能全部介绍。考虑到通用性，只从教学需要的角度列出最基本的ANSI C建议的常用库函数。

1. 字符函数

在使用字符函数时，应该在源文件中使用预编译命令：

#include <ctype.h>或#include "ctype.h"

函数名	函数原型	功　能	返回值
isalnum	int isalnum(int ch);	检查ch是否字母或数字	是字母或数字返回1，否则返回0
isalpha	int isalpha(int ch);	检查ch是否字母	是字母返回1，否则返回0
iscntrl	int iscntrl(int ch);	检查ch是否控制字符（其ASCII码在0和0xlF之间）	是控制字符返回1，否则返回0
isdigit	int isdigit(int ch);	检查ch是否数字	是数字返回1，否则返回0
isgraph	int isgraph(int ch);	检查ch是否是可打印字符(其ASCII码在0x21和0x7e之间)，不包括空格	是可打印字符返回1，否则返回0
islower	int islower(int ch);	检查ch是否是小写字母（a～z）	是小字母返回1，否则返回0
isprint	int isprint(int ch);	检查ch是否是可打印字符（其ASCII码在0x20和0x7e之间），包括空格	是可打印字符返回1，否则返回0
ispunct	int ispunct(int ch);	检查ch是否是标点字符(不包括空格）即除字母、数字和空格以外的所有可打印字符	是标点返回1，否则返回0
isspace	int isspace(int ch);	检查ch是否空格、跳格符(制表符）或换行符	是则返回1，否则返回0
isupper	int isupper(int ch);	检查ch是否大写字母(A～Z)	是大写字母返回1，否则返回0
isxdigit	int isxdigit(int ch);	检查ch是否一个16进制数字（即0～9，A～F或a～f）	是则返回1，否则返回0
tolower	int tolower(int ch);	将ch字符转换为小写字母	返回ch对应的小写字母
toupper	int toupper(int ch);	将ch字符转换为大写字母	返回ch对应的大写字母

2. 字符串函数

使用字符串中函数时，应该在源文件中使用预编译命令：

#include <string.h>或#include "string.h"

函数名	函数原型	功　能	返回值
memchr	Void memchr(void *buf, char ch, unsigned count);	在 buf 的前 count 个字符里搜索字符 ch 首次出现的位置	返回指向 buf 中 ch 的第一次出现的位置指针；若没有找到 ch，返回 NULL
memcmp	int memcmp(void *buf1, void *buf2, unsigned count);	按字典顺序比较由 buf1 和 buf2 指向的数组的前 count 个字符	buf1<buf2，为负数； buf1=buf2，返回 0； buf1>buf2，为正数
memcpy	void *memcpy(void *to, void *from, unsigned count);	将 from 指向的数组中的前 count 个字符拷贝到 to 指向的数组中。from 和 to 指向的数组不允许重叠	返回指向 to 的指针
memset	void *memset(void *buf, char ch, unsigned count);	将字符 ch 拷贝到 buf 指向的数组前 count 个字符中。	返回 buf
strcat	char *strcat(char *str1, char *str2);	把字符 str2 接到 str1 后面，取消原来 str1 最后面的串结束符'\0'	返回 str1
strchr	char *strchr(char *str, int ch);	找出 str 指向的字符串中第一次出现字符 ch 的位置	返回指向该位置的指针；如找不到，则应返回 NULL
strcmp	int *strcmp(char *str1, char *str2);	比较字符串 str1 和 str2	若 str1<str2，为负数； 若 str1=str2，返回 0； 若 str1>str2，为正数
strcpy	char *strcpy(char *str1, char *str2);	把 str2 指向的字符串拷贝到 str1 中去	返回 str1
strlen	unsigned int strlen(char *str);	统计字符串 str 中字符的个数(不包括终止符'\0')	返回字符个数
strncat	char *strncat(char *str1, char *str2, unsigned count);	把字符串 str2 指向的字符串中最多 count 个字符连到串 str1 后面，并以 NULL 结尾	返回 str1
strncmp	int strncmp(char *str1,*str2, unsigned count);	比较字符串 str1 和 str2 中至多前 count 个字符	若 str1<str2，为负数； 若 str1=str2，返回 0； 若 str1>str2，为正数
strncpy	char *strncpy(char *str1,char *str2, unsigned count);	把 str2 指向的字符串中最多前 count 个字符拷贝到串 str1 中去	返回 str1
strnset	void *setnset(char *buf, char ch, unsigned count);	将字符 ch 拷贝到 buf 指向的数组前 count 个字符中	返回 buf
strset	void *setset(void *buf, char ch);	将 buf 所指向的字符串中的全部字符都变为字符 ch	返回 buf
strstr	char *strstr(char *str1,char *str2);	寻找 str2 指向的字符串在 str1 指向的字符串中首次出现的位置（不包括终止符'\0'）	返回 str2 指向的字符串首次出向的地址；否则返回 NULL

3. 数学函数

使用数学函数时，应该在源文件中使用预编译命令：

#include <math.h>或#include "math.h"

函数名	函数原型	功　能	返回值
abs	int abs (int x)	求整数 x 的绝对值	计算结果
acos	double acos(double x);	计算 arccos x 的值，其中 −1<=x<=1	计算结果
asin	double asin(double x);	计算 arcsinx 的值，其中 −1<=x<=1	计算结果
atan	double atan(double x);	计算 arctanx 的值	计算结果
atan2	double atan2(double x, double y);	计算 arctan（x/y）的值	计算结果
cos	double cos(double x);	计算 cos x 的值，其中 x 的单位为弧度	计算结果
cosh	double cosh(double x);	计算 x 的双曲余弦 cosh（x）的值	计算结果
exp	double exp(double x);	求 e^x 的值	计算结果
fabs	double fabs(double x);	求 x 的绝对值	计算结果
floor	double floor(double x);	求出不大于 x 的最大整数	返回整数的双精度实数
fmod	double fmod(double x, double y);	求整除 x/y 的余数	返回余数的双精度实数
frexp	double frexp(double val, int *eptr);	把双精度数 val 分解成数字部分(尾数)和以 2 为底的指数 n，即 $val=x*2^n$，n 存放在 eptr 指向的变量中	数字部分 x，其中 0.5<=x<1
log	double log(double x);	求 lnx 的值	计算结果
log10	double log10(double x);	求 $\log_{10}x$ 的值	计算结果
modf	double modf(double val, int *iptr);	把双精度数 val 分解成整数部分和小数部分，把整数部分存放在 ptr 指向的变量中	val 的小数部分
pow	double pow(double x, double y);	求 x^y 的值	计算结果
sin	double sin(double x);	求 sin x 的值，其中 x 的单位为弧度	计算结果
sinh	double sinh(double x);	计算 x 的双曲正弦函数 sinh x 的值	计算结果
sqrt	double sqrt (double x);	计算 $\sqrt{x}$ 其中，x≥0	计算结果
tan	double tan(double x);	计算 tan x 的值，其中 x 的单位为弧度	计算结果
tanh	double tanh(double x);	计算 x 的双曲正切函数 tanh x 的值	计算结果

4. **输入输出函数**

在使用输入输出函数时，应该在源文件中使用预编译命令：

#include <stdio.h>或#include "stdio.h"

函数名	函数原型	功　能	返回值
clearerr	void clearer(FILE *fp);	清除文件指针错误指示器	无
close	int close(int fp);	关闭文件（非 ANSI 标准）	关闭成功返回 0，不成功返回 −1

续表

函数名	函数原型	功　能	返回值
creat	int creat(char *filename, int mode);	以 mode 所指定的方式建立文件(非ANSI 标准)	成功返回正数，否则返回－1
eof	int eof(int fp);	判断 fp 所指的文件是否结束	文件结束返回 1，否则返回 0
fclose	int fclose(FILE *fp);	关闭 fp 所指的文件，释放文件缓冲区	关闭成功返回 0，不成功返回非 0
feof	int feof(FILE *fp);	检查文件是否结束	文件结束返回非 0，否则返回 0
ferror	int ferror(FILE *fp);	测试 fp 所指的文件是否有错误	无错返回 0，否则返回非 0
fflush	int fflush(FILE *fp);	将 fp 所指的文件的全部控制信息和数据存盘	存盘正确返回 0，否则返回非 0
fgetc	int fgetc(FILE *fp);	从 fp 所指的文件中取得下一个字符	返回所得到的字符，出错则返回 EOF
fgets	char *fgets(char *buf, int n, FILE *fp);	从 fp 所指的文件读取一个长度为(n－1)的字符串，存入起始地址为 buf 的空间	返回地址 buf，若遇文件结束或出错则返回 NULL
fopen	FILE *fopen(char *filename, char *mode);	以 mode 指定的方式打开名为 filename 的文件	成功则返回一个文件指针，否则返回 0
fprintf	int fprintf(FILE *fp, char *format,args,…);	把 args 的值以 format 指定的格式输出到 fp 所指的文件中	返回实际输出的字符数
fputc	int fputc(char ch, FILE *fp);	将字符 ch 输出到 fp 所指的文件中	成功则返回该字符，否则返回非 0
fputs	int fputs(char str, FILE *fp);	将 str 指定的字符串输出到 fp 所指的文件中	成功则返回 0，出错返回非 0
fread	int fread(char *pt, unsigned size, unsigned n, FILE *fp);	从 fp 所指定文件中读取长度为 size 的 n 个数据项，存到 pt 所指向的内存区	返回所读的数据项个数，若文件结束或出错返回 0
fscanf	int fscanf(FILE *fp, char *format,args,…);	从 fp 指定的文件中按给定的 format 格式将读入的数据送到 args 所指向的内存变量中（args 是指针）	以输入的数据个数
fseek	int fseek(FILE *fp, long offset, int base);	将 fp 指定的文件的位置指针移到 base 所指出的位置为基准、以 offset 为位移量的位置	返回当前位置，否则返回－1
ftell	long ftell(FILE *fp);	返回 fp 所指定的文件中的读写位置	返回文件中的读写位置，否则返回 0
fwrite	int fwrite(char *ptr, unsigned size, unsigned n, FILE *fp);	把 ptr 所指向的 n*size 个字节输出到 fp 所指向的文件中	写到 fp 文件中的数据项的个数
getc	int getc(FILE *fp);	从 fp 所指向的文件中的读出下一个字符	返回读出的字符，若文件出错或结束返回 EOF
getchar	int getchar();	从标准输入设备中读取下一个字符	返回字符，若文件出错或结束返回－1

续表

函数名	函数原型	功　能	返回值
gets	char *gets(char *str);	从标准输入设备中读取字符串存入str 指向的数组	成功返回 str，否则返回 NULL
open	int open(char *filename, int mode);	以 mode 指定的方式打开已存在的名为 filename 的文件（非 ANSI 标准）	返回文件号（正数），如打开失败返回－1
printf	int printf(char *format,args,…);	在 format 指定的字符串的控制下，将输出列表 args 的指输出到标准设备	输出字符的个数。若出错返回负数
prtc	int prtc(int ch, FILE *fp);	把一个字符 ch 输出到 fp 所指的文件中	输出字符 ch，若出错返回 EOF
putchar	int putchar(char ch);	把字符 ch 输出到标准输出设备	输出字符 ch，若失败返回 EOF
puts	int puts(char *str);	把 str 指向的字符串输出到标准输出设备，将'\0'转换为回车行	返回换行符，若失败返回 EOF
putw	int putw(int w, FILE *fp);	将一个整数 w（即一个字）写到 fp 所指的文件中（非 ANSI 标准）	返回读出的字符，若文件出错或结束返回 EOF
read	int read(int fd, char *buf, unsigned count);	从文件号 fp 所指定文件中读 count 个字节到由 buf 指示的缓冲区（非 ANSI 标准）	返回真正读入的字节个数，如文件结束返回 0，出错返回－1
remove	int remove(char *fname);	删除以 fname 为文件名的文件	成功返回 0，出错返回－1
rename	int remove(char *oname, char *nname);	把 oname 所指的文件名改为由 nname 所指的文件名	成功返回 0，出错返回－1
rewind	void rewind(FILE *fp);	将 fp 指定的文件指针置于文件头，并清除文件结束标志和错误标志	无
scanf	int scanf(char *format,args,…);	从标准输入设备按 format 指向的格式字符串规定的格式，输入数据给 args 所指示的单元，args 为指针	读入并赋给 args 数据个数，如文件结束返回 EOF，若出错返回 0
write	int write(int fd, char *buf, unsigned count);	从 buf 指示的缓冲区输出 count 个字符到 fd 所指的文件中（非 ANSI 标准）	返回实际输出的字节数，如出错返回－1

5. 动态存储分配函数

在使用动态存储分配函数时，应该在源文件中使用预编译命令：

#include <stdlib.h>或#include "stdlib.h"(有些 C 编译要求用“malloc.h”)。

函数名	函数原型	功　能	返回值
callloc	void *calloc(unsigned n, unsigned size);	分配 n 个数据项的内存连续空间，每个数据项的大小为 size	分配内存单元的起始地址，如不成功返回 0
free	void free(void *p);	释放 p 所指内存区	无
malloc	void *malloc(unsigned size);	分配 size 字节的内存区	所分配的内存区地址，如内存不够返回 0
realloc	void *realloc(void *p, unsigned size);	将 p 所指的已分配的内存区的大小改为 size，size 可以比原来分配的空间大或小	返回指向该内存区的指针，若重新分配失败，返回 NULL

附录五　C 语言常见的错误

C 语言的最大特点是：功能强、使用方便灵活。C 语言编译的程序对语法检查并不像其他高级语言那么严格，这就给编程人员留下“灵活的余地”。由于这个“灵活”给程序的调试带来了许多不便，尤其对初学 C 语言的人来说，经常会出一些连自己都不知道错在哪里的错误。下面将初学者在学习使用 C 语言时容易出错的地方列举出来，以供参考。

（1）书写标识符时，忽略了大小写字母的区别。

```
main()
{
    int a=5;
    printf("%d",A);
}
```

编译程序把 a 和 A 认为是两个不同的变量名，而显示出错信息。在 C 语言中大写字母和小写字母是两个不同的字符。习惯上，常量名用大写字母表示，变量名用小写字母表示，以增加可读性。

（2）忘记定义变量。

```
main()
{ a=1;b=2;
printf("%d\n",a+b);
}
```

C 语言要求对程序中用到的每一个变量都必须先定义其类型，上面程序中没有对 a、b 进行定义，应在函数体的开头加

```
int a,b;
```

（3）忽略了变量的类型，进行了不合法的运算。

```
main()
{ float a,b;
printf("%d",a%b);
}
```

%是求余运算，得到的是 a/b 的余数。整型变量可以进行求余运算，而实型变量则不允许进行“求余”运算。

（4）将字符常量与字符串常量混淆。

```
char c;
c="a";
```

这里就混淆了字符常量与字符串常量，字符常量是由一对单引号括起来的单个字符，而字符串常量是一对双引号括起来的字符序列。C 语言规定以'\0'作字符串结束标志，它是由系统自动加上的。所以字符串"a"实际上包含两个字符：'a'和'\0'。把"a"它赋给一个字符变量是不行的。

（5）scanf 语句使用错误。

① 输入变量时忘记使用地址符。

scanf("%d%d",a,b);

在 C 语言中，使用 scanf 输入时，要求指明标识符地址。这个语句应该写作：

scanf("%d%d",&a,&b);

② 输入数据时的方式与要求不符。

用 scanf 函数输入数据时，应注意如何输入数据。

scanf("%d%d",&a,&b);

有人按下面方法输入数据：

1，2↙

这是错误的，数据间应该用空格来分隔。应该用下列方法输入：

1 2↙

如果"scanf("%c%c",&c1,&c2);"这个的输入方式则为：

ab 而不能为

a b

因为后者在输入时会将'a'放入 c1，' '这个空格会放入 c2，字符变量只接受单个字符。

③ 输入数据时，企图规定精度。

scanf("%7.2f ",&a);

这样做是不合法的，输入数据时不能规定精度。

（6）忽略了"="与"=="的区别。

在许多高级语言中，用"="符号作为关系运算符"等于"。如在 BASIC 程序中可以写

if (a=3) then …

但 C 语言中，"="是赋值运算符，"=="是关系运算符，例如：

if (a==3)

a=b;

前者是进行比较，a 是否和 3 相等；后者表示如果 a 和 3 相等，把 b 值赋给 a。由于习惯问题，初学者往往会犯这样的错误。

（7）忘记加分号。

分号是 C 语言语句中不可缺少的一部分，语句末尾必须有分号。

a=1

b=2

在编译时，程序在"a=1"后面没发现分号，就把下一行"b=2"也作为上一行语句的一部分，这就会出现语法错误。改错时，有时在被指出有错的一行中未发现错误，就需要看下一行是否漏掉了分号。

```
{ z=x+y;
t=z/100;
printf("%f ",t);
}
```

对于复合语句来说，最后一个语句中最后的分号不能忽略不写(这是和 PASCAL 不同的)。

（8）多加分号。

对于一个复合语句，如：

```
{ z=x+y;
  t=z/100;
  printf(“%f ”,t);
 };
```

复合语句的花括号后不应再加分号，否则将会画蛇添足。又如：

```
 if (a%3==0);
     i++;
```

这个语句的本意是：如果 a 能被 3 整除，则 i 加 1。但由于 if (a%3==0)后多加了分号，则 if 语句到此结束，将执行 i++语句，不论 3 是否整除 a，i 都将自动加 1。

（9）输入输出的数据类型与所用格式说明符不一致。

例如，a 已定义为整型，b 定义为实型，对于语句

```
a=3;b=4.5;
printf("%f%d\n",a,b);
```

编译时不给出出错信息，但运行结果将与原意不符。这种错误尤其需要注意。

（10）括弧不配对。

当一个语句中使用多层括弧时常出现这类错误。例如：

```
if((a<c)||b&&(x+y)
```

这里少了一个右括弧。

（11）switch 语句中漏写 break 语句。

例如：根据考试成绩的等级打印出百分制数段。

```
switch(grade)
{ case ’A’:printf(“85 ~ 100\n”);
case ’B’:printf(“70 ~ 84\n”);
case ’C’:printf(“60 ~ 69\n”);
case ’D’:printf(“<60\n”);
default:printf(“error\n”);
}
```

由于漏写了 break 语句，case 只起标号的作用，而不起判断作用。因此，当 grade 值为 A 时，printf()函数在执行完第一个语句后接着执行第二、三、四、五个 printf()语句。程序的输出结果也将变为：

```
85 ~ 100
70 ~ 84
60 ~ 69
<60
error
```

正确写法应在每个分支后再加上 “break;”。例如

```
case ’A’:printf(“85 ~ 100\n”);break;
```

（12）忽视了 while 和 do…while 语句在细节上的区别。如：

① while 循环语句。

```
main()
{ int a=0,i;
scanf("%d",&i);
while(i<=10)
{ a=a+i;
i++;
}
printf("%d",a);
}
```

② do…while 循环语句。

```
main()
{ int a=0,i;
scanf("%d",&i);
   do
{ a=a+i;
i++;
}while(i<=10);
printf("%d",a);
}
```

可以看到，当输入 i 的值小于或等于 10 时，二者得到的结果相同。而当 i>10 时，二者结果就不同了。因为 while 循环是先判断后执行，而 do…while 循环是先执行后判断。对于大于 10 的数 while 循环一次也不执行循环体，而 do…while 语句则要执行一次循环体。

（13）数组使用过程中的误操作。

① 定义数组时误用变量。

```
int n;
scanf("%d",&n);
int a[n];
```

数组名后用方括号括起来的是常量表达式，可以包括常量和符号常量，不能为变量。

② 在定义数组时，将定义的“元素个数”误认为是可使用的最大下标值。

```
main()
{ static int a[10]={1,2,3,4,5,6,7,8,9,10};
printf("%d",a[10]);
}
```

C 语言规定：定义时用 a[10]，表示 a 数组有 10 个元素。其下标值为 0 ~ 9，所以数组元素 a[10]是不存在的，当然也不能输出 a[10]。、

③ 引用数组元素时误用了圆括弧。

```
main()
```

```
{ int i,a(10);
    for(i=0;i<10;i++)
    scanf("%d",&a(i));
}
```

C 语言中对数组的定义或引用数组元素时必须用方括弧。正确书写格式为 a[10]。

参考文献

[1] 马靖善，秦玉平. C 语言程序设计[M]. 3 版. 北京：清华大学出版社，2017.

[2] 余江，肖淑芬. C 语言程序设计[M]. 天津：天津科学技术出版社，2011.

[3] 武春岭，高灵霞. C 语言程序设计[M]. 北京：高等教育出版社，2014.

[4] 王静，武春岭. C 语言程序设计基础习题集[M]. 北京：中国水利水电出版社，2008.

[5] 李红，伦墨华，王强. C 语言程序设计实例教程[M]. 2 版. 北京：机械工业出版社，2015.

[6] 张玉莲，李华平，宋晓飞. 编程语言基础——C 语言[M]. 北京：电子工业出版社，2018.

[7] 蒋彦，韩玫瑰. C 语言程序设计实验教程[M]. 3 版 北京：电子工业出版社，2018.

[8] 王森. C 语言编程基础[M]. 3 版. 北京：电子工业出版社，2017.

[9] 希尔特. C 语言大全[M]. 4 版，王子恢，戴健鹏，等译. 北京：电子工业出版社，2001.